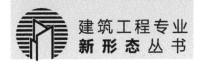
建筑工程专业
新形态丛书

Revit
建筑建模基础
与实战

赵 志 主编
林 格　王胜男　倪海江　副主编

化学工业出版社
·北京·

内 容 简 介

本书结合当前BIM工程师考试大纲及教育部"1+X"建筑信息模型（BIM）职业技能等级证书考试要求，由BIM基础、建筑制图基础、Revit建筑建模基础、Revit建筑基本构件建模、场地构件与体量的创建、Revit族的应用与成果输出共6个项目组成。本书还配有数字资源，内容为相关课件及实战案例的操作视频，通过扫描文中二维码可获取。

本书适合建筑工程类专业从业人员阅读参考，并可供高职高专土建专业师生使用，也可供专业人员参加BIM技能等级考试使用。

图书在版编目（CIP）数据

Revit建筑建模基础与实战/赵志主编. —北京：
化学工业出版社，2021.8（2022.8重印）
（建筑工程专业新形态丛书）
ISBN 978-7-122-39664-8

Ⅰ.①R… Ⅱ.①赵… Ⅲ.①建筑设计-计算机辅助
设计-应用软-高等职业教育-教材 Ⅳ.①TU201.4

中国版本图书馆CIP数据核字（2021）第157208号

责任编辑：徐　娟　　　　　　　　　　文字编辑：吴开亮
责任校对：宋　夏　　　　　　　　　　装帧设计：王晓宇

出版发行：化学工业出版社（北京市东城区青年湖南街13号　邮政编码100011）
印　　装：天津盛通数码科技有限公司
787mm×1092mm　1/16　印张12¾　彩插3　字数305千字　2022年8月北京第1版第2次印刷

购书咨询：010-64518888　　　　　　　　售后服务：010-64518899
网　　址：http://www.cip.com.cn

丛书编委会名单

丛书主编：卓　菁

丛书主审：卢声亮

编委会成员（按姓氏汉语拼音排序）：方力炜　黄泓萍　李建华　刘晓霞
刘跃伟　卢明真　彭雯霏　陶　莉　吴庆令　臧　朋　赵　志

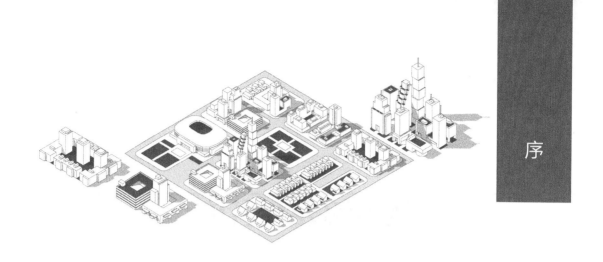

百年大计，教育为本；教育大计，教材为基。教材是教学活动的核心载体，教材建设是直接关系到"培养什么人""怎样培养人""为谁培养人"的铸魂工程。建筑工程专业新形态丛书紧跟建筑产业升级、技术进步和学科发展变化的要求，以立德树人为根本任务，以工作过程为导向，以企业真实项目为载体，以培养建设工程生产、建设、管理和服务一线所需要的高素质技术技能人才为目标。依托国家教学资源库、MOOC等在线开放课程、虚拟仿真资源等数字化教学资源同步开发和建设，数字资源包括教学案例、教学视频、动画、试题库、虚拟仿真系统等。

建筑工程专业新形态丛书共8册，分别为《建筑施工组织管理与BIM应用》（主编刘跃伟）、《建筑制图与CAD》（主编卢明真、彭雯霏）、《Revit建筑建模基础与实战》（主编赵志）、《建设工程资料管理》（主编李建华）、《建筑材料》（主编吴庆令、黄泓萍）、《结构施工图识读与实战》（主编陶莉）、《平法钢筋算量（基于16G平法图集）》（主编臧朋）、《安装工程计量与计价》（主编刘晓霞、方力炜）。本丛书的编写具备以下特色。

1.坚持以习近平新时代中国特色社会主义思想为指导，牢记"三个地"的政治使命和责任担当，对标建设"重要窗口"的新目标新定位，按照"把牢方向、服务大局，整体设计、突出重点，立足当下、着眼未来"的原则整体规划，切实发挥教材铸魂育人的功能。

2.对接国家职业标准，反映我国建筑产业升级、技术进步和学科发展变化要求，以提高综合职业能力为目标，以就业为导向，理论知识以"必需"和"够用"为原则，注重职业岗位能力和职业素养的培养。

3.融入"互联网+"思维，将纸质资源与数字资源有机结合，通过扫描二维码，为读者提供文字、图片、音频、视频等丰富学习资源，既方便读者随时随地学习，也确保教学资源的动态更新。

4.校企合作共同开发。本丛书由企业工程技术人员、学校一线教师共同完成，教师到一线收集企业鲜活的案例资料，并与企业技术专家进行深入探讨，确保教材的实用性、先进性并能反映生产过程的实际技术水平。

为确保本丛书顺利出版，我们在一年前就积极主动联系了化学工业出版社，我们学术团队多次特别邀请了出版社的编辑线上指导本丛书的编写事宜，并最终敲定了部分图书选择活页式形式，部分图书选择四色印刷。在此特别感谢化学工业出版社给予我们团队的大力支持与帮助。

我作为本丛书的丛书主编深知责任重大，所以我直接参与了每一本书的编撰工作，认真地进行了校稿工作。在编写过程中以丛书主编的身份多次召集所有编者召开专业撰写书稿推进会，包括体例设计、章节安排、资源建设、思政融入等多方面工作。另外，卢声亮博士作为本系列丛书的主审，也对每本书的目录、内容进行了审核。

虽然在编写中所有编者都非常认真地多次修正书稿，但书中难免还存在一些不足之处，恳请广大的读者提出宝贵的意见，便于我们再版时进一步改进。

温州职业技术学院教授　卓菁
2021 年 5 月 31 日　于温州职业技术学院

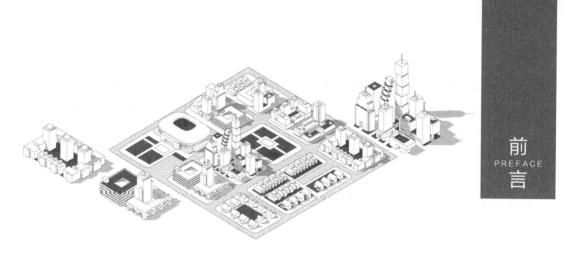

BIM 技术是建筑行业转型发展过程中一项重要的新型信息技术。Revit 是目前市场上运行比较广泛的 BIM 软件，掌握 Revit 建筑建模技术，是土建专业人员学习 BIM 技术的基本要求。

计算机硬件性能与软件开发水平的不断提高，为 BIM 的发展创造了有利条件。在工程设计行业中 BIM 的优势和好处也不断体现，BIM 的应用也成为行业发展的趋势。住房和城乡建设部发文明确，建筑行业甲级勘察、设计单位以及房屋建筑工程施工企业应掌握并实现 BIM 与企业管理系统和其他信息技术的一体化集成应用。2019 年国家教育部推出职业教育"1+X"制度，将 BIM 列为工程建设领域的"1+X"教育改革试点。

本书以项目化编写，共分 6 个项目：项目 1 为 BIM 基础，主要介绍 BIM 相关概念、软硬件体系、应用基础及相关法律法规；项目 2 为建筑制图基础，主要介绍制图标准、建筑投影、形体图及建筑图的识读；项目 3 为 Revit 建筑建模基础，主要介绍 Revit 软件的软硬件环境设置及参数化设计的相关概念；项目 4 为 Revit 建筑基本构件建模，主要介绍 Revit 建筑基本构件的创建与编辑；项目 5 为场地构件与体量的创建，主要介绍场地构件和体量的创建、编辑及应用；项目 6 为 Revit 族的应用与成果输出，主要介绍族模型编辑、视图生成、标记、标注、注释浏览、漫游、渲染、成果输出等内容。另外本书配有数字资源，内容为相关课件及实战案例的操作视频，通过扫描书中二维码可获取。

本书结合"1+X"BIM 职业技能等级证书考评大纲，由温州职业技术学院赵志担任主编，由浙江安防职业技术学院林格、王胜男，以及中铁上海设计院集团有限公司倪海江担任副主编，参加编写的还有温州职业技术学院卓菁、丁斌、方倩如、李之松、臧朋，湖南城建职业技术学院谢燕萍、肖文青，浙江工业职业技术学院周立强，山东第一医科大学（山东省医学科学院）张萌，南京中华中等专业学校顾永菲等。

感谢本丛书编委会成员在本书编写期间的辛勤付出及大力支持，感谢编写过程中浙江新创规划建筑设计有限公司及化学工业出版社各位领导的指导与支持，感谢温州职业技术学院 2019 级建筑设计专业刘秋、王麒霖、产友成、金添辉四位同学的帮助。

由于编者水平有限，加之时间仓促，书中疏漏之处在所难免，恳请广大读者批评指正，万分感谢。

编者

2021 年 7 月

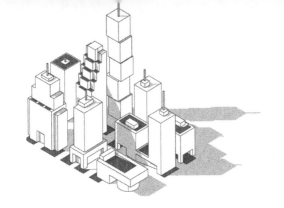

目 录
CONTENTS

项目
1

BIM基础

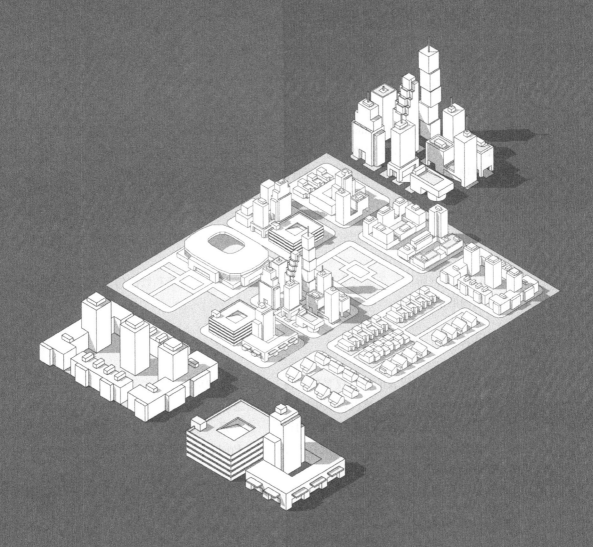

BIM概述

建议课时： 1学时。

教学目标： 通过本任务的学习，对BIM有深刻的认识。

知识目标： 了解BIM的概念及特点、发展现状和趋势、国内外有关BIM的政策及标准。

能力目标： 全面了解和认识BIM发展现状和趋势，为今后BIM的基础应用奠定基础。

思政目标： 认真负责的职业精神，勇于进取和探索的创新精神。

1.1.1　BIM 概念与特点

1.1.1.1　BIM 概述

BIM 是 Building Information Modeling 的简称，即建筑信息模型，是以建筑工程项目的各项相关信息数据为基础，建立可视化数字建筑模型，从而为建设项目及设施的规划、设计、施工及运营维护提供项目全生命周期的信息化过程管理。

美国国家 BIM 标准委员会将 BIM 定义为：

① BIM 是建设项目物理和功能特性的数字表达；

② BIM 是共享的知识资源，能够分析建设项目的信息，为项目全生命周期中的决策管理提供可靠的依据；

③ 在项目的不同阶段，各参与方可在 BIM 中插入、提取、更新和修改信息，以支持和反映各方职责范围内的协同作业。

1.1.1.2　BIM 的内涵

"B"为 Building，它代表的不仅仅是建筑物，而是建设领域。

"I"是 Information，也就是建设领域中所包含的信息。

"M"，是 Modeling，表现的是一个建模的过程，而不是一个模型。

BIM 的概念分解为两个方面，BIM 既是模型结果（Product），更是过程（Process）。

（1）BIM 作为模型结果（Product）

BIM 作为模型结果，与传统的 3D（三维）建筑模型有着本质的区别，其兼具了物理特性与功能特性。其中，物理特性（Physical Characteristic）可以理解为几何特性（Geometric Characteristic），而功能特性（Functional Characteristic）是指此模型具备了所有一切与该建设项目有关的信息。

住建部颁发的《建筑工程设计信息模型分类及编码标准》中，模型的工作成果是在建筑工程施工阶段或建筑建成后改建、维修、拆除活动中得到的建设成果。

（2）BIM作为过程（Process）。BIM是一种过程，其功能在于通过开发、使用和传递建设项目的数字化信息模型以提高项目或组合设施的设计、施工和运营维护管理。

1.1.1.3　BIM的特点

（1）可视化

可视化即"所见即所得"的形式。对于建筑行业来说，可视化真正运用的作用是非常大的，例如施工图纸只是各个构件的信息在图纸上采用线条绘制表达，其真正的构造形式需要建筑业参与人员去自行想象。在BIM中，整个过程都是可视化的，不仅可以用来进行效果图的展示及报表的生成，更重要的是，项目设计、建造、运营过程中的沟通、讨论、决策都在可视化的状态下进行。三维可视化效果图如图1-1所示。

图1-1　三维可视化效果图

（2）模拟性

BIM可以模拟不能在真实世界中进行操作的事物。在设计阶段，BIM可以对设计上需要进行模拟的过程进行模拟试验，例如节能模拟、紧急疏散模拟、日照模拟、热能传导模拟等；在招投标和施工阶段，BIM可以进行4D（四维）模拟（基于三维模型的时间进度控制），从而确定合理的施工方案以指导施工，同时还可以进行5D（五维）模拟（基于三维模型的时间进度加成本控制），从而实现成本控制；在后期运营维护阶段，BIM可以对日常紧急情况的处理方式进行模拟，例如地震人员逃生模拟及消防人员疏散模拟等。施工模拟图如图1-2所示（彩图见本书彩插）。

（3）协调性

这个方面是建筑业的重点内容，不管是施工单位还是业主或设计单位，都在做着很多协调及相配合的工作。在设计时，往往由于各专业设计师之间的沟通不到位，而出现各种专业之间

图1-2　施工模拟图

的碰撞问题。例如暖通等专业中的管道在进行布置时，由于施工图纸是各自绘制在各自的施工图纸上的，真正施工过程中，可能正好有结构设计的梁等构件妨碍管线布置，这就是施工中常遇到的碰撞问题。BIM的协调性服务可在建筑物建造前期对各专业的碰撞问题进行协调，生成协调数据，从而帮助处理这种问题。另外，BIM的协调作用还可以解决例如电梯井布置与其他设计布置及净空要求之协调，防火分区与其他设计布置之协调，地下排水布置与其他设计布置之协调等。综合管线协调图如图1-3所示（彩图见本书彩插）。

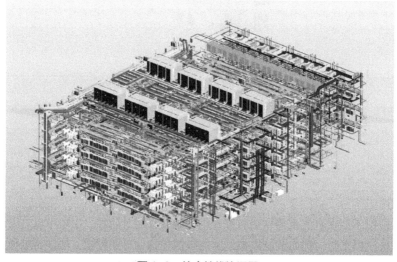

图1-3　综合管线协调图

（4）优化性

现代建筑物的复杂程度大多超出参与人员本身的能力接受范围，BIM 提供了建筑物的实际存在的信息，包括几何信息、物理信息、规则信息等，还提供了建筑物变化以后实际存在的信息。与其配套的各种优化工具提供了对复杂项目进行优化的可能。基于 BIM 的优化可以做下面的工作。

① 项目方案优化：将设计和造价相结合，通过设计的变化计算出相应的造价，业主不仅能看到项目效果的不同，还能够比较相应的造价数据，这样就能够使业主更好地选择符合自身需要的方案。

② 特殊项目的设计优化：屋顶、裙房、大雨棚、双曲面幕墙等一些施工难度大的项目或区域，往往占项目造价比例较高，通过对这些部位进行设计优化及施工方案改善，可以减少项目成本、缩短工期、提升效率。室内外装修优化图如图1-4所示（彩图见本书彩插）。

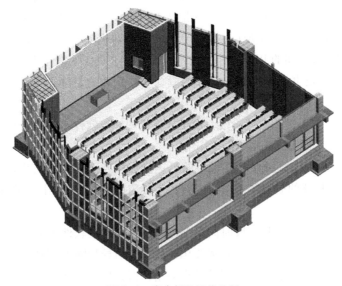

图1-4　室内外装修优化图

（5）可出图性

通过BIM技术不仅能够进行平、立、剖及大样详图的输出，还可通过对建筑物进行的可视化展示、协调、模拟、优化，为业主提供综合管线图（经过碰撞检查和设计修改，消除了相应错误以后）、综合结构留洞图（预埋套管图）、碰撞检查侦错报告和建议改进方案等。图纸输出图如图1-5所示。

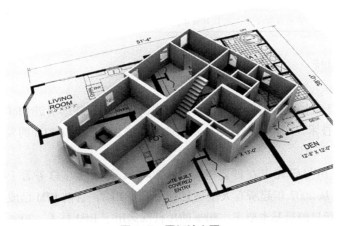

图1-5　图纸输出图

1.1.2　BIM 发展历史、现状与趋势

1.1.2.1　发展历史

1975 年，"BIM 之父"——美国的查可·易斯特曼（Chuck Eastman）教授提出了 BIM 的概念。

1986 年，罗伯特·艾使（Robert Aish）在论文 *Building modeling:the key to integrated construction CAD*（《建筑模型：集成化建造 CAD 的关键》）中提出了建筑模型的概念，并提出三维建模、施工进度模拟等我们今天所知的 BIM 的相关技术。2002 年，美国的欧特克（Autodesk）公司发表了一本关于 BIM 的白皮书，正式提出 BIM 的概念，对 BIM 的定位是：可以承载建筑数据、可以进行协同的平台。

21 世纪前，BIM 处于理论研究阶段，由于计算机硬件与软件水平的限制，BIM 仅能作为学术研究对象，很难在工程实际应用中发挥作用。

进入 21 世纪，随着计算机软硬件水平的迅速发展以及人们对建筑生命周期的深入理解，BIM 技术不断前进，BIM 的研究从学术研究转为实践应用研究，BIM 技术在全球范围内得到了迅速的推广应用。

BIM 在国内起步较晚，很长一段时间只是停留在三维建模软件应用上，以致部分人对 BIM 有这样的误解："BIM 等同于 Revit"。后来受国内政策的引导和国外 BIM 应用的影响，BIM 逐渐从理论研究延伸到重点工程和示范工程的试点应用，再到目前已基本被行业普遍认可，并正在行业内得到快速发展和深入应用。表 1-1 是对我国 BIM 发展过程的概括。

表 1-1　我国 BIM 发展过程

时间	BIM 发展过程	具体表现
2002 ~ 2005 年	概念导入阶段	IFC（工业基础类）标准研究，BIM 概念引入
2006 ~ 2014 年	试点推广阶段	BIM 技术、标准及软件研究，大型建设项目试用 BIM
2015 ~ 2016 年	快速发展及深度应用阶段	大规模工程实践，BIM 标准制定
2017 ~ 2018 年	不断提高阶段	开设 BIM 大赛，装饰 BIM 被列入 BIM 等级考试
2019 年以后	产业融合阶段	BIM 审图、装配式建设项目全过程应用、建筑施工智慧工地上的应用等

1.1.2.2　发展现状

BIM 最早起源于美国，随着全球化进程的发展，很多国家陆续引进 BIM 技术，并在建设项目上充分利用 BIM 技术，如英国、日本、新加坡及一些北欧国家在 BIM 的发展和应用上都达到了一定水平。

美国的 BIM 应用与研究走在世界的前列。2003 年美国联邦总务署（GSA）推出了全国 3D-4D-BIM 计划，从 2007 年起所有大型项目都要应用 BIM。目前 BIM 已成为设计方和施工方获得美国政府工程项目的最基本要求，80% 的项目都运用了 BIM 技术。2006 年，美国陆军工程兵团（USACE）制定并发布了未来 15 年的 BIM 发展路线规划，规定 2012 年前全美所有军事项

目的招标、发包及交付必须应用 BIM 技术。美国 BIM 发展更多是以市场为依托，政府部门示范引导与业界自身发展需求相结合。

英国是目前全球 BIM 应用增长最快、成效显著的国家之一，也是全球 BIM 标准体系最健全且实施推广力度最大的国家。从 2011 年开始，英国政府就要求强制使用 BIM。2011 年，英国内阁办公室发布了"政府建设战略"，提出英国 BIM 发展战略及阶段性目标，并成立 BIM 任务组，促进 BIM 在政府投资项目中的应用。2016 年，英国发布《政府建设战略（2016—2020）》，规定 2016 年起所有中央政府投资的建设项目必须应用 BIM 技术并达到 BIM Level-2 阶段；最迟在 2016 年完成全面的协同 BIM。英国 BIM 应用率已从 2011 年的 13% 提高至 2019 年的 69%。

丹麦、挪威、芬兰、瑞典等北欧国家普遍于 2010 年前出台官方 BIM 标准或指南。北欧地区预制装配式技术体系十分成熟，建筑工业化水平高，而 BIM 参数化、信息化等特性对预制构件的加工及安装能起到很好的辅助管理作用，北欧成为全球最先采用基于 BIM 模型进行建筑设计的地区之一，建筑业产业链整体信息化协同水平较高，基本实现规划、设计、制造、施工等过程中的信息共享与传递。

新加坡建筑与工程局（BCA）于 2010 年成立了一个 600 万新币的 BIM 基金项目，任何企业都可以申请，用以补贴培训、软件、硬件及人工成本。2011 年，BCA 与一些政府部门合作确立了示范项目。BCA 强制要求提交建筑 BIM 模型（2013 年起）、结构与机电 BIM 模型（2014 年起），并且最终在 2015 年前实现了所有建筑面积大于 5000m^2 的项目都必须提交 BIM 模型的目标。

日本的 BIM 技术得益于其发达的软件产业，大量的设计公司、设计企业在 2009 年开始使用 BIM。日本建筑学会于 2012 年 7 月发布了日本 BIM 指南，2016 年日本 BIM 应用率为 46%。日本建筑企业应用 BIM 技术更多源于自身业务特点及实际项目需求，而非政府或建设方的强制规定。

从 2002 年起，BIM 技术开始进入中国内地的建筑工程行业，主要应用在大型复杂工程项目。对 BIM 在中国的知晓程度，从 2010 年的 60% 提升至 2011 年的 87%。各大施工企业和设计院成立了建筑信息模型技术小组，BIM 咨询公司也应运而生。许多业主、大型房地产开发商也在积极探索应用建筑信息模型技术，市场对建筑信息模型技术需求供不应求，在我国建筑行业逐渐掀起了 BIM 热潮。

1.1.2.3 发展趋势

通过多年的推动，BIM 技术逐步形成了常态化应用的基础，正在从局部或个别点的应用向全员、全专业、全过程应用扩展和深化，未来 BIM 技术有以下几个方面的趋势。

第一，BIM 技术的推动逐步转变为由业主或开发方主导。从应用的主导上看，BIM 技术应用的主导力量正在前移，逐渐从设计、施工、总包方转变为业主或开发方，尤其是一定规模以上的工程项目。与此同时，业主或开发方对 BIM 应用的要求越来越明确、越来越深入。这对 BIM 市场化的落地应用产生了极大的推动作用（业主或开发方是建筑资源的分配方，同时也是应用价值的提出方和应用价值的最大获益方）。这一转变是 BIM 技术向常规技术快速转化的强大推动力。

第二，随着信息化程度推进，BIM 技术正在和其他相关技术深度融合，BIM+ 模式有了更大的发挥空间和应用价值。例如，BIM 与 VR（虚拟现实）、AR（增强现实）、机器人、无人机、GIS（地理信息系统）、大数据、物联网、云计算等其他技术的融合应用，逐渐成为 BIM 技术应用的趋势，而集成各项技术的优势将催生新的业务模式。我们要看到，这些技术的融合还需要产业互联网的支撑，需要与数据分析、存储技术等一系列工程建设过程当中的信息化技术联动，才能形成以数据为核心的应用体系。这些数据驱动的体系融合，将从根本上解决工程建设行业信息化水平落后的问题，进而从根本上驱动建筑业工业化进程。

第三，BIM 技术应用已经逐步形成两条应用路线，即 BIM 的技术路线和 BIM 的管控路线。BIM 的技术路线主要针对设计和施工领域的技术环节，它解决的是技术问题。同时，它的直接应用成果是产生大量的工程数据，解决的是用传统手段解决不了的设计、施工领域技术环节的问题。BIM 管控路线的主要应用是在工程投资和项目管控的环节上，它应用相关的工程数据解决工程建设过程中投资和管理的相关问题，是工程精细化管理的升级换代。这里要强调的是，BIM 应用在管控上的价值，当前体现在精确造价和投资控制，工程管理的质量、安全、验收等重大环节上。这些管控方面的 BIM 应用，对工程项目影响巨大，值得重视。这需要我们重新审视甚至重新定义 BIM 技术的核心价值。

1.1.3　国内外 BIM 政策与标准

1.1.3.1　国内外 BIM 政策

（1）国外 BIM 政策

从全球看，部分 BIM 技术发展较好的发达国家，从现代 BIM 技术的起源地美国，到欧洲及韩国、新加坡等国家和地区的政府或行业协会都在政策上进行了大力推动。部分发达国家 BIM 政策措施摘要如表 1-2 所列。

表 1-2　部分发达国家 BIM 政策措施摘要

国家	政策内容要点
美国	2006 年，美国陆军工程兵团（USACE）发布了为期 15 年的 BIM 发展路线规划，承诺未来所有军事建筑项目都将使用 BIM 技术。美国建筑科学研究院（BSA）下属的美国国家 BIM 标准项目委员会专门负责美国国家 BIM 标准的研究与制定，目前 BIM 标准已发布第二版，正准备出第四版。美国联邦总务署 3D-4D-BIM 计划推行至今，超过 80% 建筑项目已经开始应用 BIM
俄罗斯	2017 年 5 月，俄罗斯政府建筑合同开始增加包含应用 BIM 技术的条款要求。到 2019 年，俄罗斯要求政府工程中的参建方均要采用 BIM 技术
韩国	韩国政府 2016 年前实现了全部公共工程的 BIM 应用
英国	英国政府一直强制要求使用 BIM，2016 年前企业实现了 3D-BIM 的全面协同
新加坡	要求所有政府施工项目都必须使用 BIM 模型。在 BIM 技术的传承和教育方面，鼓励大学开设 BIM 相关课程
日本	成立国家级国产解决方案软件联盟。日本建筑学会积极发布日本 BIM 从业指南，对 BIM 从业者进行全方位的指导和交流

（2）国内 BIM 政策

2011 年，住房和城乡建设部首次将 BIM 纳入信息化标准建设内容，并于此后出台一系列 BIM 相关政策，大力推动 BIM 应用发展。在《2016—2020 年建筑业信息化发展纲要》中，BIM 被列为"十三五"建筑业重点推广的五大信息技术之首，到 2020 年，在国有投资为主的大中型建筑及绿色建筑中，集成应用 BIM 的项目比例将达到 90%。以 BIM 为代表的互联网信息技术正在推动建筑业的转型升级。

近年来，越来越多关于 BIM 的推进政策陆续推出，BIM 技术也逐步向全国各城市推广开来，真正实现在全国范围内的普及应用。从 2014 年开始，在住房和城乡建设部的大力推动下，各省市相继出台 BIM 推广应用的政策文件，目前我国已初步形成了 BIM 技术应用标准和政策体系，为 BIM 的快速发展奠定了坚实的基础。近几年所出台政策有以下特点。

① 更加细致，更具操作性。2016 年及以前，住房和城乡建设部及各地建设负责部门主要出台的是应用推广意见，提出了推广 BIM 的方案以及 2020 年 BIM 发展的目标。

2017 年以来，住房和城乡建设部及各地方建设负责部门出台的 BIM 政策更加细致，实操性更强，如 2017 年 5 月发布的《建筑信息模型施工应用标准》，我国建筑业终于有了可参考的 BIM 标准。

2018 年，住房和城乡建设部发布《城市轨道交通 BIM 应用指南》，指出城市轨道交通应结合实际制定 BIM 发展规划，建立全生命技术标准与管理体系，开展示范应用。

2019 年，住房和城乡建设部印发《关于推进全过程工程咨询服务发展的指导意见》，要求大力开发和利用 BIM、大数据、物联网等现代信息技术和资源，努力提高信息化管理与应用水平，为开展全过程工程咨询业务提供保障。南京在装配式建筑中开展 BIM 技术应用试点。住建部提出：到 2020 年末，建筑行业甲级勘察、设计单位以及特级、一级房屋建筑工程施工企业应掌握并实现 BIM 与企业管理系统和其他信息技术的一体化集成应用，新立项项目勘察设计、施工、运营维护中，集成应用 BIM 的项目比例达到 90%。

② BIM 推广范围更广泛。2017 年，贵州、江西、河南等省市正式出台 BIM 推广意见，明确提出在省级范围内提出推广 BIM 技术应用。

2018 年，北京市发布《关于加强装配式混凝土建筑工程设计施工质量全过程管控的通知》，重点推广 BIM 技术在设计、施工全过程应用。浙江、广东、海南等省市也开始出台相关 BIM 推广政策。我国出台 BIM 推广意见的省市数量逐渐增多，全国 BIM 技术应用推广的范围更加广泛。

③ BIM 技术应用领域更专业化。因为房建工程结构相对简单，BIM 建模、应用相对容易上手，再加上我国建筑工程项目主要以房建项目为主，出台的 BIM 政策虽未明确提出应用 BIM 技术的工程类型，但 BIM 技术推行以来，主要应用还是集中在房建工程项目中。

2018 年 1 月，《关于推进公路水运工程 BIM 技术应用的指导意见》的发布拉开了公路水运工程项目广泛应用 BIM 技术的新篇章。另外，黑龙江等省市发布了推进 BIM 技术在装配式建筑中应用的文件，促进了 BIM 技术与装配式建筑融合。

2019 年 2 月，天津市住房和城乡建设委员会发布《市住房城乡建设委关于印发推进我市建筑信息模型（BIM）技术应用指导意见》，指出要推进 BIM 应用技术体系建设，开展 BIM 应用技术研究，建立 BIM 构件资源库。

2020 年，BIM 政策密集出台，根据侧重方向不同，有代表性的政策要点如表 1-3 所示。

表1-3 2020年BIM代表性的政策要点

序号	部门	发布时间	文件名称	政策要点
1	广东省	2020年1月10日	《广州市城市信息模型（CIM）平台建设试点工作联席会议办公室关于进一步加快推进我市建筑信息模型（BIM）技术应用的通知》	推进城市信息模型（CIM）平台建设试点工作与BIM技术应用
2	住房和城乡建设部	2020年4月8日	《住房和城乡建设部工程质量安全监管司2020年工作要点》	试点推进BIM审图模式，推动BIM技术在工程建设全过程的集成应用
3	浙江省	2020年11月2日	浙江省住房和城乡建设厅等七部门《关于深化房屋建筑和市政基础设施工程施工图管理改革的实施意见》	推行BIM审查系统应用。在设计、施工、审批、监管、档案管理等各环节全面应用数字化图纸，实现图纸有溯源、行为有记录、责任有落实
4	深圳市	2020年4月10日	《深圳装配式混凝土建筑信息模型技术应用标准》	加深BIM与装配式混凝土建筑的集成应用
5	安徽省	2020年10月20日	《安徽省建筑信息模型（BIM）技术服务计费参考依据》	印发BIM技术服务计费参考依据
6	深圳市	2020年9月16日	《政府投资公共建筑工程BIM实施指引》	指引政府投资公共建筑工程中对BIM进行相关要求
7	四川省	2020年9月8日	《四川省加快推进新型基础设施建设行动方案（2020—2022年）》	推进BIM技术与水利工程深度融合
8	重庆市	2020年11月2日	《重庆市住房和城乡建设委员会启用重庆市BIM项目管理平台的通知》	启动BIM项目管理平台

1.1.3.2 国内外BIM标准

（1）国外BIM标准

目前国际上BIM标准主要分为两类：一类是适用于所有国家地区建设领域的BIM标准，这类标准是由ISO（国际标准化组织）认证的国际标准，具有一定的普适性；另一类是各个国家根据本国国情、经济发展情况、建设领域发展情况、BIM具体实施情况等制定的国家标准，具有一定的针对性。

① 国际标准。由ISO认证的国际标准主要分为三类：IFC (Industry Foundation Class，工业基础类)、IDM (Information Delivery Manual，信息交付手册)、IFD (International Framework for Dictionaries，国际字典框架)。它们是实现BIM价值的三大支撑标准。

a. IFC标准。传统的CAD图纸上所表达的信息计算机无法识别。IFC标准解决了这一问题，它类似面向对象的建筑数据模型，是一个计算机可以处理的建筑数据表示和交换标准。IFC模型包括整个建筑全生命周期内各方面的信息，其目的是支持用于建筑的设计、施工和运营维护等各阶段中各种特定软件的协同工作。

b. IDM标准。随着BIM技术的不断发展，在其应用过程中还必须保证数据传递和信息共享的完整性、协调性。因此，在IFC标准的基础之上又构建了一套IDM标准，它能够将各个项目阶段的信息需求进行明确定义，并将工作流程标准化，能够减少工程项目过程中信息传递的失真，同时提高信息传递与共享的质量。

    c. IFD 标准。由于各国、各地区间有着不同的文化、语言背景，对于同一事物也有着不同的称呼，所以这就使得软件间的信息交换会有一定阻碍。IFD 标准采用了概念与名称（或描述）分开的做法，引入类似人类身份证号码的 GUID (Global Unique Identifier，全球唯一标识）来给每一个概念定义一个全球唯一的标识码，不同国家、地区、语言的名称和描述与这个 GUID 进行对应，保证所有用户得到的信息的准确性、有用性、一致性。

    ② 外国标准。BIM 技术最早源自美国，美国在 BIM 相关标准的制定方面具有一定的先进性和成熟性。早在 2004 年美国就开始以 IFC 标准为基础编制国家 BIM 标准，2007 年发布了美国国家 BIM 标准（NBIMS, National Building Information Model Standard）第一版的第 1 部分。这是美国第一个完整的具有指导性和规范性的 BIM 标准。2012 年 5 月，美国国家 BIM 标准第二版正式公布，对第一版中的 BIM 参考标准、信息交换标准与指南和应用进行了大量补充和修订。此后又发布了美国国家 BIM 标准第三版，在第二版基础上增加了模块内容并引入了二维 CAD 美国国家标准，并在内容上进行了扩展，包括信息交换、参考标准、标准实践部分的案例和词汇表 / 术语表。第三版有一个创新之处，即美国国家 BIM 标准项目委员会在其中增加了一个介绍性的陈述和导视部分，提高了标准的可达性和可读性。

    英国政府在较早时候就对 BIM 技术的使用进行了强制推行，这也使得英国 BIM 标准发展较为迅速。英国在 2009 年正式发布了 *AEC(UK)BIM Standard* 系列标准，主要由五部分组成，包括项目执行标准、协同工作标准、模型标准、二维出图标准、参考。但是此系列的 BIM 标准存在一定不足，面向的对象仅是设计企业，而不包括业主方和施工方。它是一部 BIM 通用标准，为建筑行业从 CAD 模式向 BIM 模式转变提供了方便与依据。后又分别于 2011 年 6 月和 9 月发布了基于 Revit 和 Bentley 平台的 BIM 标准。目前，英国建筑业 BIM 标准委员会正在致力于适用于其他软件的 BIM 标准的编制，如 Archi ACD、Vectorworks 等。

    一些亚洲国家，例如日本，在 2012 年 7 月由日本建筑师学会 (The Japan Institute of Architects, JIA) 正式发布了 *JIA BIM Guideline*，涵盖了技术标准、业务标准、管理标准三个模块。该标准对企业的组织机构、人员配置、BIM 技术应用、模型规则、交付标准、质量控制等做了详细指导。新加坡在 2012 年发布了 *Singapore BIM Guide*。韩国国土海洋部在 2010 年 1 月颁布了《建筑领域 BIM 应用指南》；2010 年 3 月，韩国虚拟建造研究院制定了《BIM 应用设计指南——三维建筑设计指南》；2010 年 12 月，韩国调达厅颁布了《韩国设施产业 BIM 应用基本指南书——建筑 BIM 指南》。

    （2）国内 BIM 标准

    我国在 BIM 技术方面的研究始于 2000 年左右，与此同时对 IFC 标准开始有了一定研究。"十一五"期间出台了《建筑业信息化关键技术研究与应用》，将重大科技项目中 BIM 的应用作为研究重点。2007 年，中国建筑标准设计研究院参与编制了《建筑对象数字化定义》（GJ/T 198—2007）。2009 ~ 2010 年，清华大学、Autodesk 公司、国家住宅工程中心等联合开展了中国 BIM 标准框架研究，同时也参与了欧盟的合作项目。2010 年，参考 NBIMS 提出了中国 BIM 标准 (China Building Information Model Standards，CBIMS)。该模型分为三大部分，具体结构框架如图 1-6 所示。

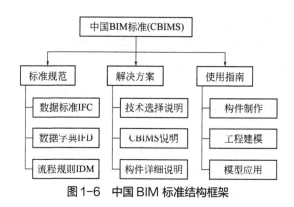

图1-6　中国 BIM 标准结构框架

住房和城乡建设部于 2012 年和 2013 年共发布六项 BIM 国家标准制定项目，其中包括 BIM 技术的统一标准一项、基础标准两项和执行标准三项。目前我国针对这几项标准的实施情况如表 1-4 所示。

表1-4　我国 BIM 标准实施情况

序号	标准名称	领编单位	状态进度
1	《建筑信息模型应用统一标准》	中国建筑科学研究院	2017 年 7 月 1 日已实施
2	《建筑信息模型施工应用标准》	中国建筑工程总公司	2018 年 1 月 1 日已实施
3	《建筑信息模型分类和编码标准》	中国建筑标准设计研究院	2018 年 5 月 1 日已实施
4	《建筑信息模型设计交付标准》	中国建筑标准设计研究院	2019 年 6 月 1 日已实施
5	《建筑工程设计信息模型制图标准》	中国建筑标准设计研究院	报批中
6	《建筑信息模型存储标准》	中国建筑科学研究院	编制中

六项标准全部发布后，BIM 应用将达到一个新的水平。在国家级 BIM 标准不断推进的同时，各地各相关行业也针对 BIM 技术应用出台了部分相关规范和准则，如北京市地方标准《民用建筑信息模型（BIM）设计基础标准》、中国民用航空局发布的《民用运输机场建筑信息模型应用统一标准》、河南省住房和城乡建设厅发布的《城市轨道交通信息模型应用标准》等。同时还出台了一些细分领域标准，如门窗、幕墙等行业制定的相关 BIM 标准及规范，以及企业自己制定的企业内的 BIM 技术实施准则。这些标准、规范、准则共同构成了完整的中国 BIM 标准序列，但国家层面的 BIM 标准无疑具有统领性地位，具有更高的效力和指导性。总体看，我国 BIM 标准进程缓慢，已经落后于 BIM 发展，成为制约 BIM 发展的关键因素之一。

任务1.2
BIM软件与硬件体系

建议课时：0.5学时。

教学目标：通过本任务的学习，对BIM有深刻的认识。

知识目标：了解BIM软硬件体系。

能力目标：全面了解和认识BIM软硬件体系，为今后BIM的基础应用奠定基础。

思政目标：认真负责的职业精神，求实务真的学习态度；勇于进取和探索的创新精神。

1.2.1　BIM 软件体系

　　BIM 软件不单纯只是一种三维建模软件，而是在全生命周期建造过程中，利用多种软件，实现建筑信息化管控的目的，如建模、算量、施工模拟、碰撞检查、能耗分析等功能。通过整合归纳，将 BIM 软件分成三类：BIM 建模软件、BIM 专业应用软件和 BIM 平台软件。

1.2.1.1　BIM 建模软件

　　BIM 建模软件是指可用于建立能为多个 BIM 专业应用软件所使用的 BIM 数据的软件。一般利用 BIM 基础软件建立具有建筑信息数据的模型，然后该模型可用于基于 BIM 技术的专业应用软件。简单来说，它主要是用于项目三维建模，是 BIM 应用的基础。目前，常用的软件有 Autodesk Revit、Bentley Open Design、ArchiCAD 等。将各建模软件的优缺点进行对比分析后归纳如表 1-5 所示。

表 1-5　各建模软件优缺点比较分析

建模软件		优点	缺点
Autodesk	Revit	易于上手、方便多专业操作	族的类型不足，使用标准与国内有差异
	Civil 3D	易于操作、多领域协作	数据交互过程需要进行转换
Bentley Open Design		功能齐全、建模方式多	上手难度大、不同专业功能模块互用性差
Archi CAD		易于操作、运行速度快	多专业协调性差、自动建模能力较差

1.2.1.2　BIM 专业应用软件

　　BIM 专业应用软件是指利用 BIM 建模软件提供的 BIM 信息数据，开展各种工作的应用软件。

例如，可以利用由 BIM 基础软件建立的建筑模型，进行进一步的专业配合，如管线碰撞检查、可持续绿色分析（节能、热工风、环境日照分析等）、造价管理（计量与计价等）、施工管控（场地模拟、进度管控等）。目前，常用的软件在管线碰撞检查方面主要有 Autodesk Navisworks、Bentley ProjectWise Navigator 和 Solibri Model Checker 等。可持续绿色分析方面软件主要有：国外的 Echotect、IES、Green Building Studio，以及国内的 PKPM。造价管理方面软件主要有国内的广联达、鲁班和品茗等；施工管理方面软件（施工模拟、进度计划、场地布置等）主要有广联达、品茗等。

1.2.1.3　BIM 平台软件

BIM 平台软件是指能对各类 BIM 基础软件及 BIM 工具软件产生的 BIM 数据进行有效的管理，以便支持建筑全生命周期 BIM 数据的共享应用的软件。这类软件架构了一个信息共享的平台，各专业人员可以通过网络，共享和查看项目数据信息，避免了以往信息变更沟通不及时而导致的错误发生。目前，常用的软件有美国的 Autodesk BIM 360 系列和国内的广联达及品茗的 BIM5D 等。

1.2.2　BIM 硬件体系

BIM 技术应用对计算机硬件有严格的要求，配置满足 BIM 应用要求的计算机硬件是 BIM 应用的基础。以下就入门级、进阶级和专业级三个级别来解析一下 Revit 所需要的计算机配置。

1.2.2.1　入门级（用于较低版本的 Revit，且模型体量不大，适合初学者）

表 1-6 为 BIM 入门级硬件配置。

系统：64 位 Win7 SP1 以上系统（目前仅 Revit 2014 及以下版本可以支持 32 位系统）。

CPU：i3 四代及以上，主频在 2.0GHz 以上，至少双核（虽然官网说单核也行，但现在市场上单核的 CPU 已经很少了）。

显卡：独立显卡，显存 2GB 即可（Revit 也有自带的渲染功能，如果显卡真的不好，建议不要渲染，建模时也尽量别开"真实"显示）。

内存：4GB 以上（如果内存只有 2GB 的话也可以勉强带得动，就是运行时容易卡顿）。

硬盘：500GB 以上机械硬盘，可以不装固态硬盘。

显示器：24 位真彩显示器。

表 1-6　BIM 入门级硬件配置

Revit 入门级硬件配置			
CPU	显卡	内存	硬盘
i3 四代	独显 2GB	4GB	机械 500GB

1.2.2.2 进阶级（可以用于新版本的 Revit，模型体量中等）

表 1-7 为 BIM 进阶级硬件配置。

系统：64 位 Win7 SP1 以上系统，建议装 Win7 旗舰版或者 Win10 专业版系统。

CPU：i5 六代及以上，主频在 2.6GHz 以上，四核以上（现在大部分市场上的 CPU 都能达到这个级别）。

显卡：独立显卡，显存 4GB 及以上（基本可以带得动 Revit 自带的渲染功能）。

内存：8GB 以上。

硬盘：500GB 以上机械硬盘 +128GB 以上固态硬盘（固态硬盘别分区，计算机系统跟 Revit 软件都装在固态硬盘里）。

显示器：1280×1024，真彩色显示器。

表 1-7 BIM 进阶级硬件配置

Revit 进阶级硬件配置			
CPU	显卡	内存	硬盘
i5 六代	独显 4GB	8GB	500GB 机械 +128GB 固态

1.2.2.3 专业级（做大型项目用的硬件配置推荐）

表 1-8 为 BIM 专业级硬件配置。

系统：64 位 Win7 SP1 以上系统，建议装 Win7 旗舰版或者 Win10 专业版系统。

CPU：i7 八代及以上（推荐 i9），八核以上，Revit 官网介绍 Revit 软件的许多任务要使用多核，执行近乎真实照片级渲染操作需要多达十六核。

显卡：独立显卡，显存 6GB 及以上（这个取决于对模型渲染的要求，有条件可以用丽图的图形显卡）。

内存：16GB 以上。

硬盘：500GB 以上机械硬盘 +128GB 以上固态硬盘（固态硬盘别分盘，计算机系统跟 Revit 软件都装在固态硬盘里）。如果计算机中软件较多或者文件较多，就适当配置较大的硬盘，一般可以配置到 1TB 机械硬盘 +256GB 固态硬盘。

显示器：1920×1200，真彩色显示器，可以配到超高清（4K）显示器。

表 1-8 BIM 专业级硬件配置

Revit 专业级硬件配置			
CPU	显卡	内存	硬盘
i7 六代	独显 6GB	16GB	500GB 机械 +128GB 固态

以上是各级别 Revit 对电脑配置的要求。如果是自配台式机的话，电源、主板根据 CPU 跟显卡的类型酌情配置，显示器根据显卡性能配置，机箱、键鼠套装则根据个人喜好配置。

任务1.3

BIM应用基础

建议课时：0.5学时。

教学目标：通过本任务的学习，对BIM有深刻的认识。

知识目标：了解BIM的应用情况及法律法规。

能力目标：全面了解和认识BIM法律法规，为今后BIM的基础应用奠定基础。

思政目标：认真负责的职业精神；求实务真的学习态度；团结协作的团队意识；勇于进取和探索的创新精神。

1.3.1　BIM 建模精度等级

在 BIM 技术的应用中，BIM 模型的建立与管理是不可或缺的关键工作，但是在工程生命周期的不同阶段，模型的内容与细节应有不同的表达深度，称之为模型深度等级（Level of Detail，LOD）。例如，对建筑而言，在方案阶段可仅表达为具有高度和外观轮廓的基本几何图形，而在施工图阶段应表达包括墙、门、窗细节在内的更深层级的模型。国际上通常采用 LOD100 ～ LOD500 来表达不同阶段的模型深度。对模型精度的具体描述如图 1-7 所示。

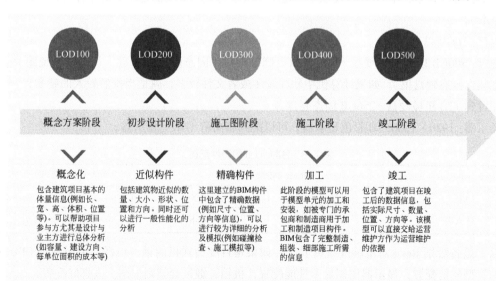

图 1-7　建模精度等级

随着 BIM 应用的发展，现在又发展出了 LOD350 的概念，用来表达施工图阶段至施工之前的深化阶段的模型深度。不同的 LOD 等级决定了模型的详细程度，也决定了 BIM 的成果要求，是 BIM 领域中非常重要的概念。

LOD 的定义可以用于两个方面：确定模型阶段输出结果以及分配建模任务。在 BIM 实际应用中，首要任务就是根据项目的不同阶段以及项目的具体目的来确定 LOD 的等级，根据不同等级所概括的模型精度要求来确定建模精度。因此，BIM 的建立不是一味追求精细，而是只要满足对应阶段的需求就好了。各阶段 BIM 细度见表 1-9。

表 1-9　各阶段 BIM 细度

各阶段模型名称	模型细度等级代号	形成阶段
方案设计模型	LOD100	概念方案阶段
初步设计模型	LOD200	初步设计阶段
施工图设计模型	LOD300	施工图阶段
深化设计模型	LOD350	深化设计阶段
施工过程模型	LOD400	施工阶段
竣工模型	LOD500	竣工阶段

我国在 2019 年 6 月 1 日正式施行《建筑信息模型设计交付标准》(GB/T 51301—2018)，其对模型深度等级做了进一步的定义。在该标准中，模型深度等级被定义为"模型精细度"，并定义了 LOD1.0 ～ LOD4.0 的模型精细度基本等级，BIM 包含的最小模型单元应由模型精细度等级衡量。其通过指定在不同等级中出现的最小模型单元来描述 LOD 的等级，见表 1-10。

表 1-10　BIM 精细度

等级	代号	包含的最小模型单元	模型单元用途
1.0 级模型精细度	LOD1.0	项目级模型单元	承重项目、子项目或局部建筑信息
2.0 级模型精细度	LOD2.0	功能级模型单元	承载完整功能的模块或空间信息
3.0 级模型精细度	LOD3.0	构件级模型单元	承载单一的构配件或产品信息
4.0 级模型精细度	LOD4.0	零件级模型单元	承载从属于构配件或产品的组成零件或安装零件信息

1.3.2　项目文件管理、数据共享

1.3.2.1　项目文件管理

在施工建设过程中，项目相关的资料种类繁多，包括合同、变更、结算、通知单、申请单、采购单、验收单等文件，特别是对于一些大型项目，多到甚至可以堆满一个或几个房间。在传统的工程管理中，文档及流程管理方面存在以下问题：

① 文档多，且存放松散，容易丢失；

② 文档查看权限控制不清，造成不必要的损失；

③ 文档无法有效地协作共享；

④ 项目人员调动时交接不全，信息无法延续。

BIM 所创建的三维模型只是载体，加载其上的项目相关建造信息才是核心。项目建造信息并不是随 BIM 的创建一次性产生的，而是随着工程的进展不断添加和整合而来。因此，BIM 贯穿了工程项目全生命周期的各个参与主体，也实现了建筑全生命周期的信息共享，能够使项目各参与方协同工作，减少人为因素的影响，实现真正意义上的建设项目管理信息化和集成化。BIM 信息集成内涵如图 1-8 所示（彩图见本书彩插）。

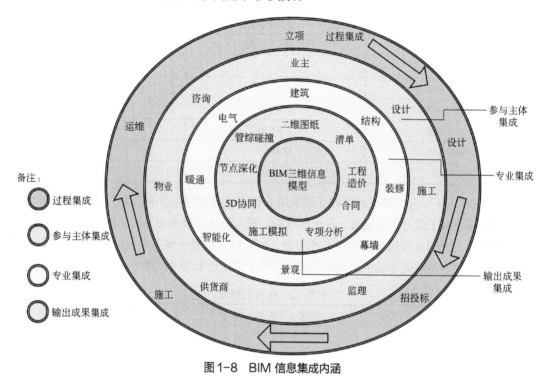

图 1-8　BIM 信息集成内涵

三维信息模型是 BIM 的基础，是贯穿于建筑生命周期的核心文件。用不同方法建立的模型可以满足不同阶段的各项 BIM 应用。BIM 项目文件管理过程的实质就是对 BIM 数据库的管理，相比传统的图纸、技术资料等文件的管理更加简便、有效。

1.3.2.2　BIM 数据共享

目前市场上一些主流的建模软件所创建的模型文件的存储格式各不相同。Revit 软件运用 Omniclass 数据信息体系制定 BIM 数据分类规则，其项目存储格式是独有的 RVT 文件。CGR 是达索公司开发的 DP 软件所使用的模型数据格式。DGN 是 Bentley 公司开发的支持其 MicroStation 系列产品的数据格式。PLN 是 ArchiCAD 软件的文件格式。DWF 是欧特克公司自主开发的一种轻量化压缩文件格式。各软件厂商的模型数据库架构是商业机密，这些文件都是由软件公司开发的特有格式，绝大部分只能在其自有软件内打开。

全生命周期过程集成的核心是各阶段信息的共享，基于 BIM 的信息管理可以使各个参与方能够随时随地在协作平台上进行项目上的沟通和各种文件传递，保证信息能够有效共享、及时有效传递，从而缩短建设过程，提高工作效率，实现全生命周期的管理，如图1-9所示（彩图见本书彩插）。

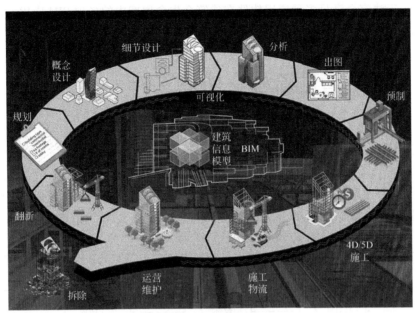

图1-9　BIM 全生命周期管理

在某个项目中，从事 BIM 工作时通常需要根据不同阶段业务需求，运用不同的 BIM 软件帮助解决技术问题。软件供应商提供的模型数据如不能相互直接读取，最基本的建筑信息共享与传递都无法满足，就无法实现 BIM 技术的真正意义。

为解决 BIM 软件之间数据互换的难题，一些组织和机构提出了 BIM 的数据交换标准。前面已介绍过，经 ISO 认证的 BIM 数据交换标准主要分为三类：IFC 标准、IDM 标准、IFD 标准，它们是实现 BIM 价值的三大支撑标准。

IFC 标准的核心技术内容分为两个部分，一个是工程信息如何描述，另一个是工程信息如何获取。EXPRESS 语言是 IFC 标准用来描述建筑工程信息的语言。IFC 标准是一种 BIM 数据标准格式的描述和定义，它界定了储存和读取工程模型数据信息的标准方式，可以储存详细的模型数据信息，是连接各种不同软件的桥梁，很好地解决了各项目参与方、各阶段间的数据共享与转换问题。

软件厂商各自开发自有模型数据格式不利于 BIM 技术的发展。IFC 标准作为 BIM 模型数据的标准格式，各软件商都可以通过 IFC 标准定义的信息提供和存储方式，将自有格式的模型数据转换成 IFC 标准格式，或者读取其他软件商转换的 IFC 标准格式模型数据。这样一来，基于 IFC 标准制定的 BIM 数据库就可以被广泛地使用。目前主流的 BIM 软件公司都完成了自有数据格式和 IFC 标准格式之间的转换。

用户只要知道除了 BIM 软件默认的模型数据格式以外，还有一个 IFC 标准数据格式可供用户管理模型数据，便可解决模型数据交互的问题。这样，不同软件创建的模型数据信息就可以得到妥善地保存和共享，避免了重复劳动，提高了工作效率。

目前，虽然主流 BIM 软件都实现了与 IFC 标准格式模型数据之间的相互转换，但是在一定程度上都存在信息缺失和转换错误的情况。各类 BIM 数据与 IFC 标准格式之间的数据转换不完整、不彻底，无法完全满足多种应用软件在建筑全生命周期中的各项 BIM 应用，这也是当前 BIM 软件生态中重要的数据制约。

1.3.3　项目管理流程、协同工作

1.3.3.1　项目管理流程

我国一个项目建设的基本流程分为立项阶段、设计阶段、招投标阶段、施工阶段和运营维护（运维）阶段，如图 1-10 所示。

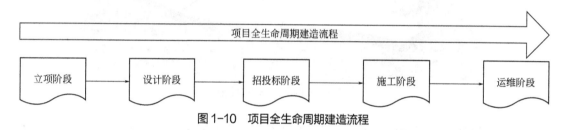

图 1-10　项目全生命周期建造流程

BIM 通过在建筑全生命周期中的应用，为建筑行业提供了一个革命性的平台，解决了不同专业和不同参与主体之间在各个阶段管理中存在的难以协同管理和难以动态控制的问题。BIM 技术应用的最终目的是为项目全生命周期管理提供增值服务，建设项目全生命周期管理的核心思想就是通过建立集成虚拟的三维建筑信息模型以及协同工作来实现各专业集成和参与主体集成。全生命周期 BIM 应用流程如图 1-11 所示（彩图见本书彩插）。

1.3.3.2　项目协同

BIM 专业集成和参与主体集成的核心就是协同，协同工作是 BIM 的一大优势。各专业之间、建造阶段各参与主体之间可基于同一个模型"同步"开展工作，基于统一的信息标准，实现实时协同作业，区别于传统二维离散的、点对点的协同模式。传统模式下，一位设计师只需要为自己的图纸负责，同时兼顾好与其他设计师图纸的匹配性，产生的成果是一个独立的设计文件，各阶段参与者的工作只能等上一个环节的工作完成后才能展开，协同效率较低。在 BIM 协同作业模式下，每一位设计师的工作内容变为整体模型的一部分，各参与者基于共同的建模标准，完成整体模型设计，各阶段参与者可"同步"开始，从设计开始就参与其中，提供建设性意见，即在设计阶段便可进行全过程的模拟预演，生产和施工阶段在设计阶段工作的基础上进行本环节各要素信息的丰富和完善，通过 BIM 实现项目过程中的综合管控。

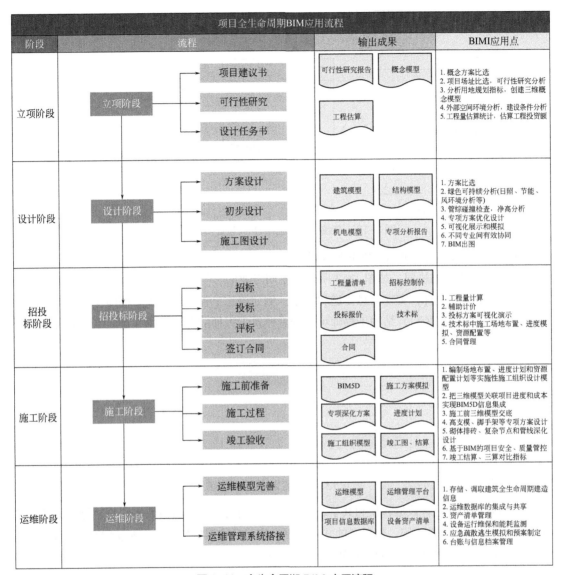

图 1-11　全生命周期 BIM 应用流程

建设项目涉及建筑、结构、水暖、电气、景观等众多专业的配合和信息的交流，在传统的设计过程中，各专业人员各自负责本职工作，缺少有效的协同平台，在设计期间往往缺乏沟通或者沟通不够，不可避免地出现碰撞，从而造成不必要的浪费和延误、返工等各种施工不合理现象。由于二维图纸的设计存在先后关系，想要很好解决这个问题，存在一定的局限性。

BIM 的协同工作可以很好地解决这样的问题。BIM 技术可以将传统设计过程中各专业点对点的滞后协同，改变成在一个平台下的实时协同。采用 BIM 技术，可以为各专业之间构建一个协同平台，多专业间的协同设计，可以实现以同一模型同时进行。在设计中，由于是在同一平台下进行，不仅可以看到各专业的设计成果和设计进度，还能在设计过程中就避免各专业间的设计冲突。传统协同方式和 BIM 设计协同方式如图 1-12 所示。

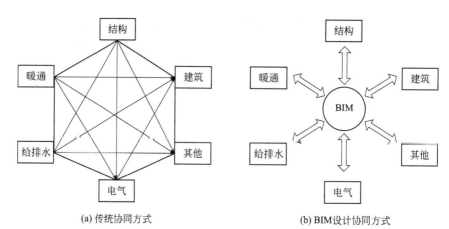

(a) 传统协同方式　　　　(b) BIM设计协同方式

图1-12　传统协同方式和BIM设计协同方式

BIM模型的协同设计可以从以下两点理解。

① 参与者之间的协同，如图1-13所示。不同专业的参与者利用中心文件将各自的成果上传，共用一个模型设计，实现信息传递和共享。例如建筑工程师和结构工程师在一定的标准规范下，将模型信息上传后，结构工程师可以查看建筑工程师的设计数据，建筑工程师可以看到结构工程的设计数据。

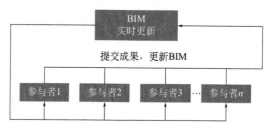

图1-13　参与者之间的协同关系

② 各软件之间进行数据转换和共享。例如建模人员将创建好的模型传送给造价人员进行工程量统计，两者的软件不同，但后者的软件能够识别前者的模型数据，实现模型的直接使用。

BIM不同专业模型间的协同设计如图1-14所示。

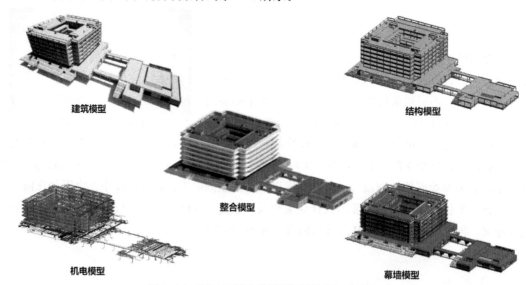

图1-14　BIM不同专业模型间的协同设计示意

1.3.4　BIM 相关规范

　　BIM 技术的出现和应用是整个建筑业的重大革新，该技术是建筑信息化的一种具体应用方式。BIM 技术要求全社会相关行业的产品标准明确，相关人员可以在一个定义好的规则下运用建筑模型开展工作、管理和对接。BIM 技术在实施时同样需满足工程建设领域中的各专业相关规范，其中强制性条文必须严格执行，并且规范版本应为现行版本。建筑专业和结构专业常见规范分别见表 1-11 和表 1-12。

表 1-11　建筑专业常见规范

标准名称	编号
《城市居住区规划设计统一标准》	GB 50180—2018
《民用建筑设计统一标准》	GB 50352—2019
《建筑设计防火规范（2018 版）》	GB 50016—2014
《住宅建筑规范》	GB 50368—2005
《住宅设计规范》	GB 50096—2011
《夏热冬冷地区居住建筑节能设计标准》	JGJ 134—2010
《公共建筑节能设计标准》	CB 50189—2015
《无障碍设计规范》	GB 50763—2012
《车库建筑设计规范》	JGJ 100—2015

表 1-12　结构专业常见规范

标准名称	编号
《建筑结构可靠性设计统一标准》	GB 50068—2018
《建筑结构荷载规范》	GB 50009—2012
《混凝土结构设计规范（2015 年版）》	GB 50010—2010
《高层建筑混凝土结构技术规程》	JGJ 3—2010
《建筑地基基础设计规范》	GB 50007—2011
《装配式混凝土结构技术规程》	JGJ 1—2014

　　同时，BIM 的实施需满足当地住房和城乡建设部门对于初步设计、施工图、绿色建筑等的规定，并按其要求严格执行。

BIM 基础

思考与
练习

?

一、单项选择题，采用"四选一"形式（A、B、C、D），错选、不选，一律不得分。

1. 以下关于从业人员与职业道德关系的说法中，你认为正确的是（　　）。

A. 每个从业人员都应该以德为先，做有职业道德之人

B. 只有每个人都遵守职业道德，职业道德才会起作用

C. 遵守职业道德与否，应该视具体情况而定

D. 知识和技能是第一位的，职业道德则是第二位的

2. BIM 实现从传统（　　）的转换，使建筑信息更加全面、直观地表现出来。

A. 建筑向模型　　　　　　　　　　　　B. 二维向三维

C. 预制加工向概念设计　　　　　　　　D. 规划设计向概念升级

3. 目前国际通用的 BIM 数据标准为（　　）。

A. RVT　　　　　　　　　　　　　　　B. IFC

C. STL　　　　　　　　　　　　　　　D. NWC

4. 住房和城乡建设部颁布的《建筑工程设计信息模型分类及编码标准》中，对于模型"工作成果"的定义是（　　）。

A. 在建筑工程施工阶段或建筑建成后改建、维修、拆除活动中得到的建设成果

B. 工程项目建设过程中根据一定的标准划分的段落

C. 建筑工程建设和使用全过程中所用到永久结合到建筑实体中的产品

D. 工程相关方在工程建设中表现出的工作与活动

5. BIM 技术在方案策划阶段的应用内容不包括（　　）。

A. 总体规划　　　　　　　　　　　　　B. 模型创建

C. 成本核算　　　　　　　　　　　　　D. 碰撞检测

6. BIM 软件中的 5D 概念不包含（　　）。

A. 几何信息　　　　　　　　　　　　　B. 质量信息

C. 成本信息　　　　　　　　　　　　　D. 进度信息

7. 下列关于 BIM 的描述正确的是（　　）。

A. 建筑信息模型　　　　　　　　　　　B. 建筑数据模型

C. 建筑信息模型化　　　　　　　　　　D. 建筑参数模型

8. 下列选项不属于 BIM 在施工阶段价值的是（　　）。

A. 施工工序模拟和分析

B. 辅助施工深化设计或生成施工深化图纸

C. 能耗分析

D. 施工场地科学布置和管理

9. 下列软件无法完成建模工作的是（　　）。

A. Tekla　　　　　　　　　　　　　　B. MagiCAD

C. ProjectWise　　　　　　　　　　　D. Revit

10. 在场地分析中，通过 BIM 结合（　　）进行场地分析模拟，得出较好的分析数据，能够为设计单位后期设计提供最理想的场地规划、交通流线组织关系、建筑布局等关键

思考与
练习

?

决策。

A. 物联网　　　　　　　　　　　　　　　B. GIS

C. 互联网　　　　　　　　　　　　　　　D. AR

11. 下列选项不属于 BIM 在施工阶段的价值的是（　　　）。

A. 能耗分析

B. 辅助施工深化设计或生成施工深化图纸

C. 施工工序模拟和分析

D. 施工场地科学布置和管理

12. BIM 的 5D 是在 4D 建筑信息模型基础上，融入（　　　）信息。

A. 成本造价信息　　　　　　　　　　　B. 合同成本信息

C. 项目团队信息　　　　　　　　　　　D. 质量控制信息

13. BIM 实施阶段中技术资源配置主要包括软件配置及（　　　）。

A. 人员配置　　　　　　　　　　　　　B. 硬件配置

C. 资金筹备　　　　　　　　　　　　　D. 数据准备

14. BIM 技术在施工阶段的主要任务不包括（　　　）。

A. 成本管理　　　　　　　　　　　　　B. 进度管理

C. 设计方案比选　　　　　　　　　　　D. 资源管理

15. BIM 模型细度规范应遵循（　　　）的原则。

A. 适量　　　　　　　　　　　　　　　B. 适时

C. 适度　　　　　　　　　　　　　　　D. 适宜

16. 运维阶段的 BIM 应用内容不包括（　　　）。

A. 碰撞检查　　　　　　　　　　　　　B. 设备的运行监控

C. 能源运行管理　　　　　　　　　　　D. 建筑空间管理

二、多项选择题，采用"五选多"形式（A、B、C、D、E），正确选项 2～4 个，多选、少选、错选、不选，一律不得分。

1. 下列符合 BIM 工程师职业道德规范的有（　　　）。

A. 寻求可持续发展的技术解决方案

B. 树立客户至上的工作态度

C. 重视方法创新和技术进步

D. 以项目利润为基本出发点考虑问题，利用自身的专业优势，诱导关联方做出对自己有利的决定

E. 进度高于一切，工期紧张时降低模型成果质量，先提交一版成果

2. 下列 BIM 软件属于建模软件的是（　　　）。

A. Revit　　　　　　　　　　　　　　　B. Civil 3D

C. Navisworks　　　　　　　　　　　　D. Lumion

E.Catia

3. BIM 模型在不同平台之间转换时，下列有助于解决模型信息丢失问题的做法是（　　　）。

A. 尽量避免平台之间的转换

B. 对常用的平台进行开发，增强其接收数据的能力

C. 尽量使用全球统一标准的文件格式

D. 禁止使用不同平台

E. 禁止使用不同软件

4. BIM 技术的特性包括（　　　）。

A. 可视化   B. 可协调性

C. 可模拟性   D. 可出图性

E. 可复制性

5. 下列 BIM 软件中，主要用于浏览模型的有（　　　）。

A. Revit   B. ArchiCAD

C. Navisworks Freedom   D. Fuzor

E. Lumion

□ 思考与
　练习

项目

2

建筑制图基础

建筑制图标准

建议课时： 2学时。

教学目标： 通过本任务的学习，学习者应理解并遵守国家关于制图的标准和规定，理解制图时线型的表达与尺寸的标注内容，为后继BIM建模制图奠定基础。

知识目标： 掌握制图标准中对图幅、格式、字体、比例等的要求，掌握制图标准中对线型表达和尺寸标注的要求。

能力目标： 能参照制图标准对图幅、格式、字体与比例进行选择，通过练习掌握基本绘图技能，能参照制图标准对线型与线宽进行选择，通过练习掌握尺寸标准方法和基本绘图技能。

思政目标： 具有严格贯彻执行相关国家标准与规范的意识，认真负责的职业精神，求实务真的学习态度。

2.1.1　图纸幅面

图纸幅面简称图幅，是指图纸的规格。为了便于图纸的装订、查阅和保存，满足图纸现代化管理要求，国家对图纸的规格有统一的标准。根据《房屋建筑制图统一标准》（GB 50001—2017），建筑工程图纸的幅面及图框尺寸应符合表 2-1 的规定。表中数字是裁边以后的尺寸，尺寸代号的意义如图 2-1 所示。

表 2-1　幅面及图框尺寸　　　　　　　　　　　　　　　　　　单位：mm

幅面代号 尺寸代号	A0	A1	A2	A3	A4
$b \times l$	841 × 1189	594 × 841	420 × 594	297 × 420	210 × 297
c	10			5	
a	25				

图幅分横式和立式两种。从表 2-1 中可以看出 A1 号图幅是 A0 号图幅的对折，A2 号图幅是 A1 号图幅的对折，以此类推，上一号图幅的短边即是下一号图幅的长边。

建筑工程一个专业所用的图纸应整齐统一，选用图幅时宜以一种规格为主，尽量避免大小图幅掺杂使用。一般不宜多于两种图幅。

在特殊情况下，允许 A0 ～ A3 号图幅按表 2-2 的规定加长图纸的长边，但图纸的短边不得加长。有特殊需要的图纸，可采用 $b \times l$ 为 841mm×891mm 与 1189mm×1261mm 的图幅。

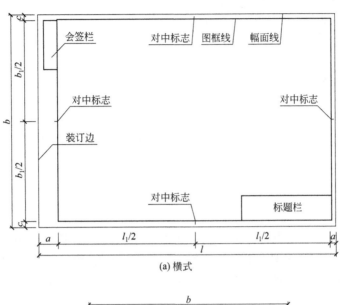

(a) 横式

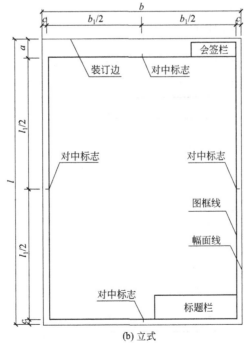

(b) 立式

图 2-1　图幅格式

表 2-2　图纸长边加长尺寸　　　　　　　　　　　　　　　单位：mm

幅面代号	长边尺寸	长边加长后尺寸
A0	1189	1486（A0+l/4）、1783（A0+l/2）、2080（A0+3l/4）、2378（A0+l）
A1	841	1050（A1+l/4）、1261（A1+l/2）、1471（A1+3l/4）、1682（A1+l）、1892（A1+5l/4）、2102（A1+3l/2）
A2	594	743（A2+l/4）、891（A2+l/2）、1041（A2+3l/4）、1189（A2+l）、1338（A2+5l/4）、1486（A2+3l/2）、1635（A2+7l/4）、1783（A2+2l）、1932（A2+9l/4）、2080（A2+5l/2）
A3	420	630（A3+l/2）、841（A3+l）、1051（A3+3l/2）、1261（A3+2l）、1471（A3+5l/2）、1682（A3+3l）、1892（A3+7l/2）

2.1.2　图线

在建筑工程图中，为了表达工程图样中的不同内容，并使图样主次分明，绘图时必须选用不同线型和线宽的图线来表示设计内容。

2.1.2.1　线型

线型有实线、虚线、单点长画线、双点长画线、折断线和波浪线等，其中有些线型还分粗、中粗、中、细等。确定了线型，还要了解该线型一般表示的内容，这才是实质。例如，实线一般表示可见轮廓线，虚线一般表示不可见轮廓线，长点画线常用来表示中心线、对称线、图形轴线等，折断线表示断开界面。

各种线型的规定及其一般用途见表 2-3。

表 2-3　线型表

名称		线型	线宽	用途
实线	粗	——————————	b	主要可见轮廓线
	中粗	——————————	0.7b	可见轮廓线、变更云线
	中	——————————	0.5b	可见轮廓线、尺寸线
	细	——————————	0.25b	图例填充线、家具线
虚线	粗	▪▪▪▪▪▪▪▪▪▪▪	b	见各有关专业制图标准
	中粗	- - - - - - - -	0.7b	不可见轮廓线
	中	- - - - - - - - - -	0.5b	不可见轮廓线、图例线
	细	- - - - - - - - - -	0.25b	图例填充线、家具线
单点长画线	粗	━ ▪ ━ ▪ ━ ▪ ━	b	见各有关专业制图标准
	中	— · — · — · —	0.5b	见各有关专业制图标准
	细	— · — · — · —	0.25b	中心线、对称线、轴线等
双点长画线	粗	━ ▪▪ ━ ▪▪ ━	b	见各有关专业制图标准
	中	— ·· — ·· —	0.5b	见各有关专业制图标准
	细	— ·· — ·· —	0.25b	假想轮廓线、成型前原始轮廓线
折断线	细	⌁	0.25b	断开界线
波浪线	细	〜〜〜	0.25b	断开界线

2.1.2.2　线宽

图线的基本线宽 b 宜按照图纸比例及图纸性质从 1.4mm、1.0mm、0.7mm、0.5mm 线宽系列中选取，详见表 2-4。每个图样，应根据复杂程度与比例大小先选定基本线宽 b，再选用表 2-4 中相应的线宽组。

表 2-4　不同线宽比对应的线宽组　　　　单位：mm

线宽比	线宽组			
b	1.4	1.0	0.7	0.5
$0.7b$	1.0	0.7	0.5	0.35
$0.5b$	0.7	0.5	0.35	0.25
$0.25b$	0.35	0.25	0.18	0.13

注 1. 需要缩微的图纸，不宜采用 0.18mm 及更细的线宽。
2. 同一张图纸内，各不同线宽中的细线，可统一采用较细的线宽组的细线。
3. 同一张图纸内，相同比例的各图样应选用相同的线宽组。

图纸的图框和标题栏线可采用表 2-5 所示的线宽。

表 2-5　图框和标题栏线的宽度　　　　单位：mm

幅面代号	图框线	标题栏外框线对中标志	标题栏分格线幅面线
A0、A1	b	$0.5b$	$0.25b$
A2、A3、A4	b	$0.7b$	$0.35b$

2.1.3　字体

图纸上所需书写的文字、数字或符号等，均应笔画清晰、字体端正、排列整齐；标点符号应清楚正确。如果字迹潦草，难以辨认，则容易发生误解，甚至造成工程事故。

2.1.3.1　汉字

图样及说明中的汉字应写成长仿宋体；大标题、图册封面、地形图等的汉字，也可以写成其它字体，但应易于辨认。汉字的简化字写法，必须遵照国务院公布的《汉字简化方案》和有关规定。

字的大小用字号来表示，字号即字的高度，各号字的字高与字宽的关系见表 2-6。

表 2-6　长仿宋字高宽关系　　　　单位：mm

字高	3.5	5	7	10	14	20
字宽	2.5	3.5	5	7	10	14

图纸中常用的为 10、7、5 三号。如需书写更大的字，其高度应按 $\sqrt{2}$ 的倍数递增。汉字的字高应不小于 3.5mm。

2.1.3.2　字母、数字的书写与排列

字母、数字宜优先采用 True type 字体中的 Roman 字型，书写规则与排列等应符合表 2-7 的规定。

表2-7　字母及数字的书写规则

书写格式	字体	窄字体
大写字母高度	h	h
小写字母高度（上下均无延伸）	$\frac{7}{10}h$	$\frac{10}{14}h$
小写字母伸出的头部或尾部	$\frac{3}{10}h$	$\frac{4}{14}h$
笔画宽度	$\frac{1}{10}h$	$\frac{1}{14}h$
字母间距	$\frac{2}{10}h$	$\frac{2}{14}h$
上下行基准线的最小间距	$\frac{15}{10}h$	$\frac{21}{14}h$
词间距	$\frac{6}{10}h$	$\frac{6}{14}h$

字母、数字可以直写，也可以斜写。斜体字的斜度是从字的底线逆时针向上倾斜 75°，其字的高度与宽度应与相应的直体字相等。当数字与汉字同行书写时，其大小应比汉字小一号，并宜写直体。拉丁字母、阿拉伯数字及罗马数字的字高，应不小于 2.5mm。

2.1.4　比例

在绘制工程图时常遇到物体很大或很小的情况，因此不可能按物体的实际大小去画，必须将图形按一定比例缩小或放大，而且不论放大或缩小，图形必须反映物体原来的形状和实际尺寸。

图样的比例是指图形与实物相应要素的线性尺寸之比，比例的大小是指其比值的大小。

比例的符号应为"："，比例应以阿拉伯数字表示，如 1∶1、1∶2、1∶100 等。比例宜注写在图名的右侧，字的基准线应取平；比例的字高宜比图名的字高小一号或二号，如图 2-2 所示。

平面图 1∶00　⑥ 1∶20
图 2-2　比例的注写

建筑工程图上常采用缩小的比例。绘图所用的比例应根据图样的用途与被绘对象的复杂程度从表 2-8 中选用，并优先用表中的常用比例。

表 2-8　建筑工程图选用比例

常用比例	1：1，1：2，1：5，1：10，1：20，1：30，1：50，1：100，1：150，1：200，1：500，1：1000，1：2000
可用比例	1：3，1：4，1：6，1：15，1：25，1：40，1：60，1：80，1：250，1：300，1：400，1：600，1：5000，1：10000，1：20000，1：50000，1：100000，1：200000

思考与练习

?

1. 图纸幅面有哪几种规格？它们之间有什么关系？
2. 什么是比例？图样上标注的尺寸和绘图比例有什么关系？
3. 常见的线型有哪几种？说明它们的用途和画法。

2.1.5　线型表达与尺寸标注

2.1.5.1　线型表达

① 同张图纸、同比例的图样应用相同的线宽组。

② 相平行的两线间隙不小于图内粗线的宽度，且不小于 0.7mm；单点长画线、双点长画线端部不应是点；虚线、单点长画线、双点长画线的线段长度和间隔宜各自相等，虚线的线段长度宜为 3～6mm，单点长画线、双点长画线的线段长度宜为 10～20mm，如图 2-3（a）所示。

③ 虚线与虚线相交或虚线与其他图线相交时应交于线段处，虚线为实线的延长线时，不得与实线相连，如图 2-3（b）所示。

④ 较小的图形中，单点和双点长画线可用细实线代替，如图 2-3（c）所示。

⑤ 图线不得与文字、数字或符号重叠，不可避免时应优先保证文字、数字或符号清晰。

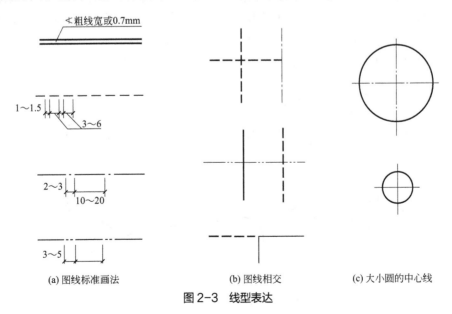

　　(a) 图线标准画法　　　　　　　　(b) 图线相交　　　　　　　(c) 大小圆的中心线

图 2-3　线型表达

2.1.5.2 尺寸标注

图纸上的图形只能表示物体的大小，而物体各部分的位置和大小必须由图上标注的尺寸来确定，并以此作为施工的依据。因此，绘图时应保证所注尺寸完整、准确、清晰。

（1）尺寸的组成

图样上的尺寸由尺寸界线、尺寸线、尺寸起止符号和尺寸数字四部分组成，如图2-4所示。

（2）建筑图形的尺寸标注

尺寸线应用细实线绘制，应与被注形体的长度平行。图样本身的任何图线均不得用作尺寸线。尺寸线与图样最外轮廓线的间距不宜小于10mm，平行排列的尺寸线的间距宜为7～10mm，且大尺寸标在外侧，小尺寸标在内侧。

尺寸起止符号表示尺寸的起止位置，一般用中粗斜短线绘制，其倾斜方向应与尺寸界线成顺时针45°，长度宜为2～3mm，如图2-5所示。

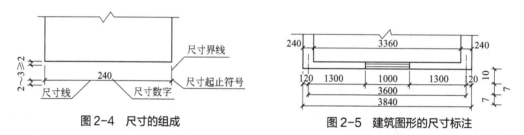

图2-4　尺寸的组成　　　　　　　图2-5　建筑图形的尺寸标注

半径、直径、角度与弧长的尺寸起止符号用箭头表示。一般的直径标注尺寸线通过圆心，两端指向圆弧，用箭头作为尺寸的起止符号，并在直径数字前加注直径符号"ϕ"。较小圆的尺寸可标注在圆外。半圆或小于半圆的圆弧，一般标注半径尺寸，尺寸线的一端须从圆心开始，另一端用箭头指向圆弧，在半径数字前加注半径符号"R"。较小圆弧的半径数字可引出标注，较大圆弧的尺寸线可画成折断线。球体的尺寸标注应在其直径或半径前加注字母"S"。直径、半径的尺寸标注如图2-6所示。角度的尺寸线用圆弧表示，其圆心为角的顶点，角的两边为尺寸界线，如图2-7（a）所示。弧长的尺寸线应采用与圆弧同心的圆弧线表示，尺寸数字上方应加注符号"⌒"，如图2-7（b）所示。标注弦长时，尺寸线应与弦长方向平行，如图2-7（c）所示。

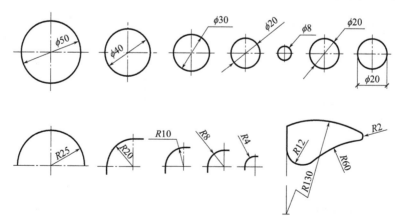

图2-6　直径、半径的尺寸标注

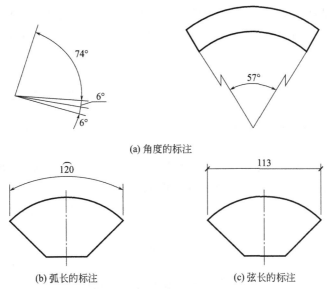

(a) 角度的标注

(b) 弧长的标注　　　　　　　　(c) 弦长的标注

图 2-7　角度、弧长、弦长的标注

标注坡度时，应加注单边箭头的坡度符号，箭头应指向下坡方向，如图 2-8（a）和图 2-8（b）所示。坡度较大时，一般用由斜边构成的直角三角形的对边与底边之比来表示，如图 2-8（c）所示。

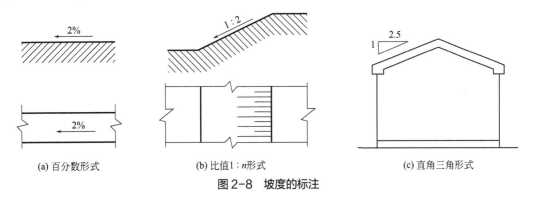

(a) 百分数形式　　　　(b) 比值1：n形式　　　　(c) 直角三角形式

图 2-8　坡度的标注

（3）标高

标高符号应以等腰直角三角形表示，并应按图 2-9（a）所示形式用细实线绘制，如标注位置不够，也可按图 2-9（b）所示形式绘制。标高符号的具体画法可按图 2-9（c）、（d）所示。

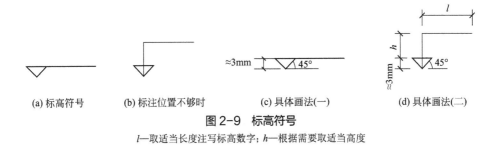

(a) 标高符号　　　(b) 标注位置不够时　　　(c) 具体画法(一)　　　(d) 具体画法(二)

图 2-9　标高符号

l—取适当长度注写标高数字；h—根据需要取适当高度

　　总平面图室外地坪标高符号宜用涂黑的三角形表示，具体画法可按图 2-10 所示。标高符号的尖端应指至被注高度的位置。尖端宜向下，也可向上。标高数字应注写在标高符号的上侧或下侧（图 2-11）。

图 2-10　总平面图室外地坪标高符号　　　　图 2-11　标高的指向

　　标高数字应以米（m）为单位，注写到小数点以后第三位。在总平面图中，可注写到小数点以后第二位。零点标高应注写成 ±0.000，正数标高不注"＋"，负数标高应注"－"，例如 3.000、-0.600。在图样的同一位置需表示几个不同标高时，标高数字可按图 2-12 的形式注写。

图 2-12　同一位置注写多个标高数字

　　思考与
　　练习

　　?

1. 尺寸标注中包含哪些内容？
2. 标高的数字默认以什么为单位？

任务2.2

任务2.2
建筑投影的识读与表达

建议课时： 4学时。

教学目标： 通过学习投影的基本知识，使学习者了解投影的概念和分类；掌握建筑正投影、轴侧投影和透视投影的识读与表达。

知识目标： 理解并掌握投影的形成与分类；掌握三面正投影识读与表达；掌握轴测投影的识读与表达；掌握透视投影的识读与表达。

能力目标： 能正确绘制简单形体的三面正投影图、轴测投影图和透视图。

思政目标： 具有严格贯彻执行相关国家标准与规范的意识，认真负责的职业精神，求实务真的学习态度。

2.2.1　建筑正投影的识读与表达

2.2.1.1　投影的形成和投影法

日常生活中，物体在光源的照射下，会在地面或墙面上留有阴影，我们称其为影子（图2-13）。通过影子能看出物体的外形轮廓，但由于仅是一个黑影，不能表现清楚物体的完整形象。

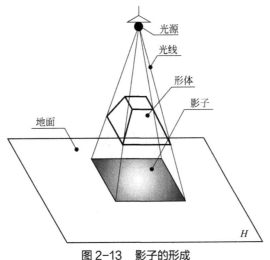

光源
光线
形体
影子
地面

H

图2-13　影子的形成

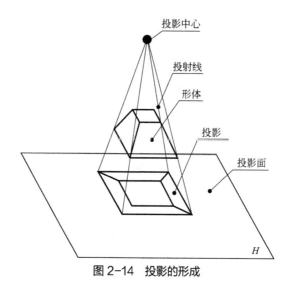

图 2-14　投影的形成

为了改善这种情况，我们假定光线能够穿透物体，使构成物体的每一要素都在平面上有所体现，并用清晰的图线表示，形成一个由图线组成的图形，这样绘出的图形称为物体在平面上的投影。

假设物体是透明的，投影中心光线将物体上的各顶点和各条棱线投射到某一平面 H 上，这些点和棱线的影子所构成的图形就称为物体在 H 面上的投影（图 2-14）。这种获得投影的方法称为投影法。投影必须具备三个要素：形体（几何元素）、投影面和投射线。

2.2.1.2　投影的分类

投影分为中心投影和平行投影两类。

（1）中心投影

投影中心 S 发出辐射状的投射线，用这些投射线作出的形体的投影称为中心投影（图 2-15）。这种作出中心投影的方法称为中心投影法。

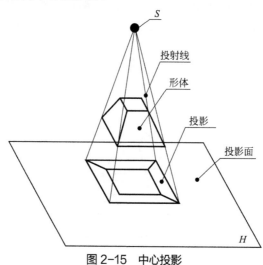

图 2-15　中心投影

（2）平行投影

投影中心 S 在无限远处，投射线按一定的方向投射下来，用这些互相平行的投射线作出形体的投影称为平行投影。这种作出平行投影的方法称为平行投影法。平行投影又分为斜投影 [图 2-16（a）] 和正投影 [图 2-16（b）] 两类。投射方向倾斜于投影面，得到的投影称为斜投影；投射方向垂直于投影面，得到的投影称为正投影。

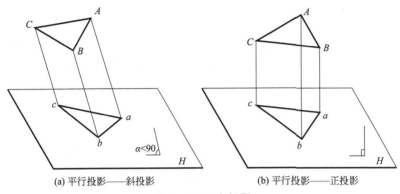

(a) 平行投影——斜投影　　　　　　(b) 平行投影——正投影

图 2-16　平行投影

2.2.1.3　工程上常用的几种投影图

在工程实践中，常用的投影图有以下几种。

（1）透视投影图（透视图）

用中心投影法绘制的单面投影图称之为透视投影图 [图 2-17（a）]。其特点是立体感强，作图手法复杂，度量性差，一般作为工程图的辅助图样。

（2）轴测投影图（轴测图）

将空间形体正放用斜投影法画出的图或将空间形体斜放用正投影法画出的图称为轴测投影图 [图 2-17（b）]。其特点是立体感较强，作图手法复杂，度量性差，作为工程图的辅助图样使用。

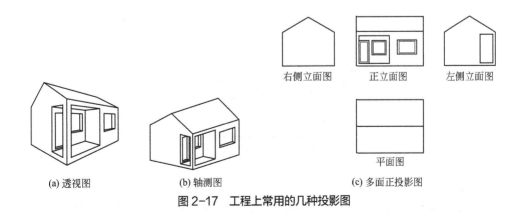

右侧立面图　　正立面图　　左侧立面图

平面图

(a) 透视图　　　　　(b) 轴测图　　　　　(c) 多面正投影图

图 2-17　工程上常用的几种投影图

（3）正投影图

在空间建立一个投影体系，用正投影法将形体在各投影面上的正投影绘制出来，这样形成的投影图称为多面正投影图［图2-17（c）］。其特点是：直观性不强，但能正确反映物体的形状和大小，并且作图方便，度量性好，是工程图中主要的图示方法，在工程上应用最广。

2.2.1.4　正投影的特性

工程中最常用的投影法是平行投影法中的正投影法。了解正投影的基本性质，对分析和绘制物体的正投影图至关重要。点、直线、平面是形成物体的最基本几何元素，在学习投影方法时，应该首先了解点、直线和平面的正投影法的特性。点、直线和平面在正投影中具有以下基本特性。

（1）类似性

一般情况下，点的正投影仍然是点，直线的正投影仍为直线，平面的正投影仍为原空间几何形状的平面，这种性质称为正投影的类似性，如图2-18所示。

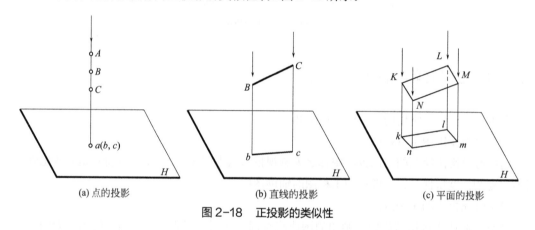

(a) 点的投影　　(b) 直线的投影　　(c) 平面的投影

图2-18　正投影的类似性

（2）真实性

当线段或平面平行于投影面时，其线段的投影长度反映线段的实长；平面的投影与原平面图形全等，这种性质称为正投影的真实性，如图2-19所示。

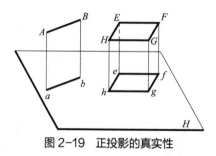

图2-19　正投影的真实性

（3）积聚性

当直线或平面垂直于投影面时，直线的正投影积聚为一个点，平面的正投影积聚为一条直线，这种性质称为正投影的积聚性，如图 2-20 所示。

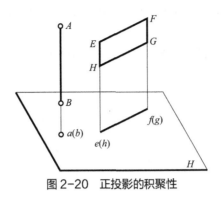

图 2-20　正投影的积聚性

2.2.1.5　物体的三面投影图

由于空间形体是具有长、宽、高的三维形体，显然一个面上的正投影是无法准确表达其空间形状的。如图 2-21 中有四个不同形状的物体，它们在同一个投影面上的正投影是相同的。由此可见，为了确定物体的形状，需要画出物体的三面正投影图。

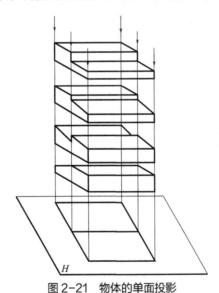

图 2-21　物体的单面投影

（1）投影体系的建立

用三个相互垂直的面建立一个三面体系，如图 2-22（a）所示，水平位置的平面称为水平投影面，用字母 H 表示；与水平投影面垂直相交呈正立位置的平面称为正立投影面，用字母 V 表示；位于右侧与 H、V 面均垂直相交的平面称为侧立投影面，用字母 W 表示。三个投影面的交线 OX、OY、OZ 为投影轴，三个投影轴相互垂直。

（2）投影图的形成

将物体置于 H 面之上、V 面之前、W 面之左的空间，如图 2-22（b）所示，按箭头所指的投影方向分别向三个投影面作正投影。

由上往下在 H 面上得到的投影称为水平投影图（简称平面图）。

由前往后在 V 面上得到的投影称作正立投影图（简称正面图）。

由左往右在 W 面上得到的投影称作侧立投影图（简称侧面图）。

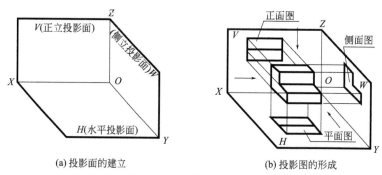

(a) 投影面的建立   (b) 投影图的形成

图 2-22 物体的三面投影

（3）投影图的展开

为使空间三个投影面上的投影处于同一个平面，我们把三个相互垂直投影面按如下方式展开：保持 V 面不动，将 H 面沿 OX 轴向下旋转 $90°$ ，W 面沿 OZ 轴向右旋转 $90°$ ，让它们与 V 面处于同一平面上，如图 2-23 所示。

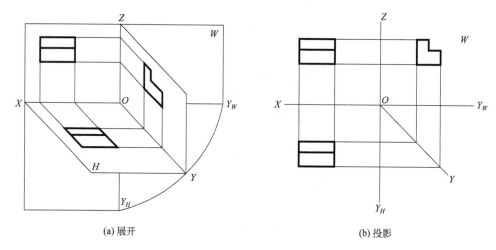

(a) 展开   (b) 投影

图 2-23 投影面的展开

2.2.1.6 正投影的投影对应规律

空间形体具有长、宽、高三个方向的尺度。以四棱柱为例，当其正面确定后，左右两个侧面之间的垂直距离称为长（度）；前后两个侧面之间的垂直距离称为宽（度）；上下两个平面之间的垂直距离称为高（度），如图 2-24 所示。

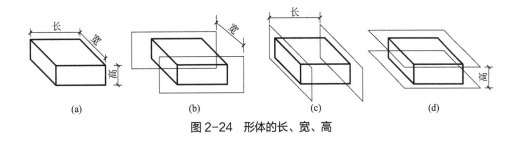

图2-24　形体的长、宽、高

由此可知，三面正投影图具有下述投影规律：平面、平面长对正（等长）；正面、侧面高平齐（等高）；平面、侧面宽相等（等宽）。

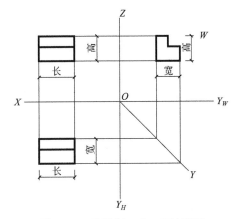

图2-25　形体长、宽、高的关系

从图2-25可以看出，投影面展开之后，正平面 V、水平面 H 两个投影左右对齐，这种关系称为"长对正"；正平面 V、侧平面 W 两个投影上下对齐，这种关系称为"高平齐"；水平面 H、侧平面 W 投影都反映形体的宽度，这种关系称为"宽相等"。简称"三等关系"，即正投影的投影规律。

思考与练习

❓

1. 形成投影的三要素是什么？
2. 工程上常用的投影图有哪几种？分别适用于什么条件？
3. 正投影有哪些特性？
4. 简述三面正投影图的投影规律。

2.2.2　建筑轴测投影的识读与表达

2.2.2.1　轴测投影的形成

将长方体连同确定形体长、宽、高三个尺度的直角坐标轴沿不平行于任一坐标面的方向，平行投影到一个投影面 P 上所得到的投影，称为轴测投影，如图 2-26 所示。

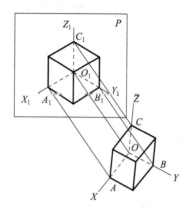

图 2-26　轴测投影的形成

2.2.2.2　轴间角与轴向伸缩系数

在轴测投影中，确定形体长、宽、高三个方向尺度的直角坐标轴 OX、OY、OZ 在轴测投影面上的投影 O_1X_1、O_1Y_1、O_1Z_1 称为轴测轴，它们之间的夹角 $\angle X_1O_1Y_1$、$\angle Y_1O_1Z_1$、$\angle Z_1O_1X_1$ 称为轴间角，三个轴间角之和为 360°。

在轴测投影中，平行于空间坐标轴的线段，其投影长度与其空间长度之比，称为轴向伸缩系数，分别用 p、q、r 表示，即：

$$p = \frac{O_1X_1}{OX}$$

$$q = \frac{O_1Y_1}{OY}$$

$$r = \frac{O_1Z_1}{OZ}$$

2.2.2.3　轴测投影的特点

① 形体上互相平行的线段，在轴测图中仍互相平行；形体上平行于坐标轴的线段，在轴测图中平行于相应的轴测轴，且同一轴向所有线段的轴向伸缩系数相同。

② 形体上不平行于坐标轴的线段，可以用坐标法确定其两个端点然后连线画出。

③ 形体上不平行于轴测投影面的平面图形，在轴测图中变成原形的类似形。如长方形的轴测投影为平行四边形，圆形的轴测投影为椭圆等。

④ 空间两平行直线线段之比，等于相应的轴测投影之比。

2.2.2.4 轴测投影的画法

画形体轴测投影图的基本方法是坐标法，结合轴测投影的特性，针对形体形成的方法不同，还可采用叠加法和切割法。

画轴测投影图的一般步骤如下：

① 读懂正投影图，进行形体分析并确定形体上的直角坐标位置；

② 选择合适的轴测图种类和观察方向，确定轴间角和轴向变形系数；

③ 根据形体的特征选择作图的方法，常用的作图方法有坐标法、切割法、叠加法等；

④ 作图时先绘底稿线；

⑤ 检查底稿是否有误，确定无误后加深图线，不可见部分通常省略，不画虚线。

思考与练习

?

1. 轴测投影是怎么形成的？与正投影之间有什么区别？

2. 简述轴测投影有哪些特性？

2.2.3 建筑透视投影的识读与表达

2.2.3.1 透视图的形成及特点

透视投影是用中心投影法将形体投射到投影面上，从而获得比较接近人眼观察的视觉效果，且具有近大远小特点的一种单面投影。一般来说，形体所有表面的形状在这种投影图中都发生了变形，其特点是近大远小、近高远低、近宽远窄。

透视图是用中心投影法作出的投影，其形成过程大致如下：从投影中心（相当于人的眼睛）向形体引一系列投射线（相当于视线），投射线与投影面的交点所组成的图形即为形体的透视投影，这种图形应用于表现建筑物时，则称为建筑透视图，如图2-27所示。

2.2.3.2 透视图的分类

（1）一点透视

当画面垂直于基面，建筑形体有一主立面平行于画面而视点位于画面的前方时，所得的透视图因为只在宽度（前后）方向上有一个灭点，所以称之为一点透视，如图2-28所示。

一点透视的特点是建筑形体主立面不变形，作图相对简便。这种图在室内设计中获得广泛应用，也适用于表现只有一个主立面、形状较复杂的建筑形体。

（2）二点透视

当画面垂直于基面，建筑形体两相邻主立面与画面倾斜成某种角度而视点位于画面的前方时，所得的透视图因为在长度和宽度两个方向上各有一个灭点，所以称之为二点透视，如图 2-29 所示。

二点透视的特点是建筑形体的两个主立面都得到表现，作图相对复杂，但由于表现效果较好，故在建筑设计中应用十分广泛。这种透视在高度方向上的轮廓线始终是竖直的（彼此平行），即此方向直线没有灭点。

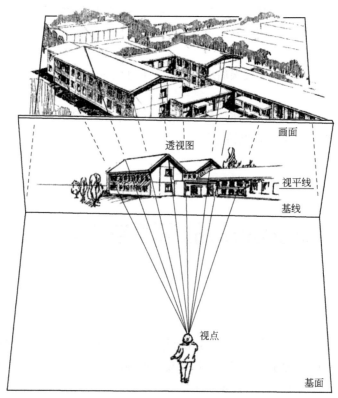

图 2-27　透视图的形成

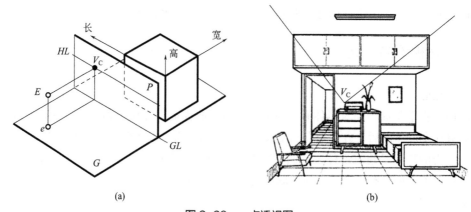

(a)　　　　　　　　　　　　　　　　(b)

图 2-28　一点透视图

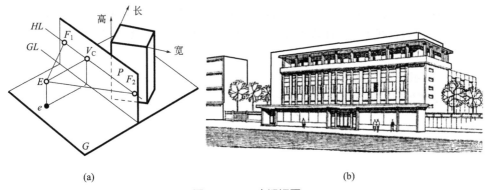

(a)   (b)

图 2-29 二点透视图

（3）三点透视

三点透视类似上述两种情况，但画面倾斜于基面，如图 2-30 所示。在这种情况下，建筑形体的长、宽、高三个方向都有灭点，所以称之为三点透视。它常用来表达较高的建筑物。

此外，无论上述哪一类透视，当所选取视点的高度远远高于建筑形体时，在这种情况下画面上的图像就会显示出"俯视"的效果，这种图样称为"鸟瞰图"。在建筑群的规划设计工作中常采用鸟瞰图。

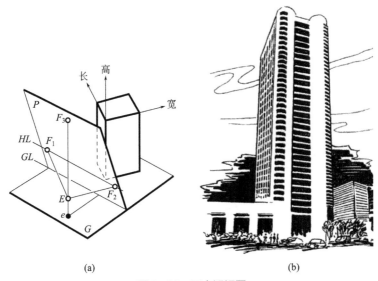

(a)   (b)

图 2-30 三点透视图

2.2.3.3　透视图的基本画法

作建筑形体的透视图一般分两步进行。

① 先作建筑形体的基透视，即建筑平面图的透视，解决长度与宽度两个方向上的度量问题。解决这个作图问题最基本的方法是视线法，由于作图中用到了灭点，所以也可称为灭点视线法。

　　② 进行形体高度的透视作图，即解决高度方向上的度量问题。基本方法是利用重合于画面上的真高线，即过真高线上的点作水平线的全透视去截取所需的形体透视高度。

**思考与
练习**

1. 简述透视投影的形成与分类?
2. 相比正投影，透视投影有什么特点?

任务2.3
形体图的识读与表达

建议课时： 2学时。
教学目标： 通过本任务的学习，认识形体空间的三视图，使学习者掌握形体平面图、立面图的形成原理及识读、表达方法。
知识目标： 空间形体三维空间与各方向视图之间的关联关系。
能力目标： 全面形体的空间与三视图之间的关系，掌握绘制形体平面图与立面图的方法。
思政目标： 诚实守信、认真负责的职业精神，吃苦耐劳、求实务真的学习态度，团结协作、善于交流的团队意识。

2.3.1　形体平面图、立面图的识读与表达

2.3.1.1　相关知识

建筑的形式多种多样，通常可以把建筑看成是若干基本形体组合而成的，这些基本形体可分为平面立体和曲面立体两类。平面立体是由平面围合而成的空间封闭实体，如棱柱体、棱锥体、棱台等；曲面立体是由曲面或平面与曲面围合而成的封闭实体。

2.3.1.2　形体平面图与立面图的形成与表达

（1）形体平面图与立面图的形成

形体平面图是由假想的、水平的剖切面沿着形体的某一高度位置水平相切，移去上面部分之后，将剩余部分往水平面投影面（H面）进行正投影，所得的水平剖面即为形体的平面图。形体立面图是形体在正投影面（V面）或侧投影面（W面）的正投影，反映形体外部特征的一个侧面。

（2）形体平面图和立面图的表达

① 根据形体大小和标注尺寸，选择适宜的图幅和比例。

② 布置投影图并布置底稿，形体上存在的轮廓线在叠加形成建筑形体时，需要注意其相

切、齐平的关系。

③ 按照线型要求加深图线，可见轮廓线用粗实线表示，不可见轮廓线为虚线。

④ 根据实际尺寸进行标注并符合形体视图要求。

　　在进行形体空间的平面图和立面图的识读时，第一步需要提高空间想象能力，建立形体空间关系模型，对复杂的形体进行必要的空间分解分析；第二步建立视图模型，确定形体在视图模型中的位置；第三步确定投影数量，以充分、全面表达建筑空间关系为原则，力求完整表达形体空间关系；第四步按照制图相关规范，对形体平面图、立面图进行绘制。

思考与练习

？

翻阅相关建筑资料，回答以下问题。

1. 形体平面图的投影原理和绘制方法；

2. 形体立面图的投影原理和绘制方法。

2.3.2　形体剖面图、断面图与大样图的识读与表达

2.3.2.1　相关知识

　　形体剖面图、断面图和大详图的形成，均可理解为使用一假想平面 P，该平面平行于投影面，并使用该平面剖切空间形体，将处在观察者和剖切平面之间的部分移去后形成的投影或者切面进行分析和表达，用于分析形体内部构造、形状、大小等。

2.3.2.2　形体剖面图的形成与表达

（1）剖面图的形成与位置选择

　　形体剖面图，即为假想用一个平面 P 平行于投影面，使用该平面剖开形体，将处在观察者和被剖切平面之间的部分形体移去后形成的正投影图。称为剖面图。绘制剖面图时，首先需要选择合适的剖切位置，使剖切后画出的图形清晰，真实反映实际形体，以便于分析内部构造。一般剖切相对比较复杂的构造面。工程制图中，使用剖切符号表达剖切平面的位置及其剖切以后的投影方向，并对剖切符号进行编号。

（2）剖面图的画法

　　剖切平面与物体接触部分的轮廓线用粗实线绘制，其内部根据制图的比例在轮廓围合而成的图形内绘制材料图例或进行涂黑处理；没有切到但沿投射方向可以看到的部分轮廓，用中粗实线绘制；为保持图面清晰，剖面图不绘制虚线。

（3）剖面图的种类

根据具体情况，剖面图通常有以下几种。

① 全剖面图。假想用一个剖切平面把形体完整剖开，所得剖面图为全剖面图，一般用于不对称的形体或外形结构简单、内部构造复杂的形体。

② 半剖面图。通常用于前后对称或左右对称的形体，画图时将形体投影的一半绘制成剖面图，另一半绘制成外形正投影图。该方法从一个投影图可同时观察形体的外形和内部构造，减少了投影数量。

③ 阶梯剖面图。用两个或两个以上相互平行的剖切平面将形体剖开，形成的剖面图称为阶梯剖面图。绘制阶梯剖面图时，由于剖切是假想的，在剖面图中不应画出两个剖切平面的分界交线，绘制剖切符号时，剖切平面的阶梯转折用粗折线表示。

④ 展开剖面图。当形体一部分结构与投影面平行，另一部分与投影面相交时，可采用两个相交的剖切平面沿需要剖开的位置剖切形体，把两个平面的剖面图形旋转到与投影面平行位置后，一起向该投影面投影得到的剖面图称为展开剖面图。绘制展开剖面图时，注意用相交的剖切平面剖切后得到的剖面图在图名表达时，应加"展开"二字，并加括号。

⑤ 局部剖面图。当形体只需要一部分采用剖面图就可以表示内部构造时，采用将该部分剖开形成局部剖面的图示表达的剖面图称为局部剖面图。投影图与局部剖面之间用徒手画的波浪线分界。用剖切平面局部地剖开形体，适用于只需要显示局部构造或多层次构造的形体。

2.3.2.3　断面图（大样图）的形成与表达

（1）断面图（大样图）的形成

假想用一平行于投影面的剖切平面 P 剖开物体，将处于观察者和剖切平面之间的部分移去，将剖切平面与物体接触部分（截面）向投影面进行投影，所得的正投影面为断面图。

大样图是为了清晰详尽表达形体内部空间构造，使用假想平面 P，平行于投影面的剖切平面剖开形体，将处在观察者和剖切平面之间的部分移去后形成的投影，大样图即为表达形体内部结构构造构成的断面图。

（2）断面图（大样图）的表达

断面图的剖切位置可根据要表达的物体的断面位置任意确定。断面的剖切符号仅用剖切位置线表示。断面图的轮廓线用粗实线绘制，并在轮廓线围合而成的图形内根据规范结合绘制比例要求画上材料图例。大样图需完整画出其材料图例。

拓展小知识

　　剖切是一个假想的作图过程，目的是清楚表达物体的内部形状，一个投影面绘制成剖面图，其投影图仍应按照未剖切前的整体形状画出。同一物体若需几个剖面图表达时，可进行几次剖切，互不影响。

　　剖面图与断面图的区别主要在以下两个方面：一是表达的对象不同，断面图只绘制形体被剖开后的截断面投影，剖面图除了绘制其截断面外，还应画出剖切后物体剩余部分的投影；二是断面图与剖面图的剖切符号绘制方法不同，断面图有剖切位置没有投影方向，剖面图既要表达剖切位置，也要表达投影方向。

思考与
练习

翻阅相关建筑资料，请回答以下问题。

1. 形体剖面图的投影原理和绘制方法；

2. 形体断面图的投影原理和绘制方法。

任务2.4

建筑图纸的识读

建议课时： 6学时。

教学目标： 通过本任务的学习，完成建筑施工图识读方法的介绍，使学习者掌握识读建筑施工图、结构施工图和设备施工图的作用、构成及识读要点。

知识目标： 掌握建筑施工图、结构施工图和设备施工图的识读方法和读图要点，了解建筑施工图、结构施工图和设备施工图的作用和构成。

能力目标： 具备正确识读建筑施工图的能力。

思政目标： 培养学生看问题要全面，统筹兼顾又要善于抓住重点的能力；培养学生逻辑思维能力，透过现象看本质的能力，总结归纳的能力。

建筑图纸可以将拟建建筑物的内外形状、大小以及各部分的构造、结构、装饰、设备等，按照建筑工程制图的规定，用投影的方法详细准确地表示出来，并以此来指导施工。按照专业分工不同，建筑图纸可分为建筑施工图、结构施工图、设备施工图。在识读图纸前，必须掌握正确的识读方法和步骤。可以按照"总体了解、顺序识读、前后对照、重点细读"的读图方法进行建筑图纸的识读。

2.4.1 建筑施工图识读

建筑施工图主要表示建筑物的总体布局、外部构造、内部布置、细部构造、装修和施工要求等。它包括首页、总平面图、建筑平面图、立面图、剖面图和建筑详图等。

（1）施工图首页

施工图首页是建筑施工图的第一页，反映了工程的性质、建筑面积、设计依据、工程需要说明的各个部位的构造做法和装修做法、所引用的标准图集、对施工提出的要求、门窗表等。

（2）建筑总平面图

建筑总平面图是新建房屋在基地范围内的总体布置图。该图在地形图上用较小的比例和水平投影的方法画出拟建工程一定范围内的拟建、新建、原有和拆除的建筑物、构筑物连同其周围的地形地物状况。它反映出拟建工程的位置和朝向、平面形状以及和周围环境之间的关系。

总平面图的比例一般为1∶500、1∶1000、1∶2000，布置方向一般按照上北下南。建筑总平面图应使用图例来表明建筑新区、扩建区或者改建区的总体布置。要熟练识读建筑总平面图，必须熟悉常用的建筑总平面图图例符号，如表2-9所示。

表2-9 常用建筑总平面图图例

名称	图例	说明
新建的建筑物	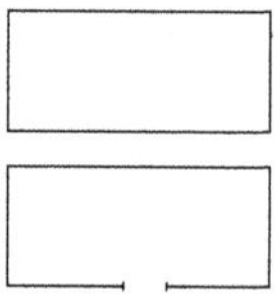	① 上图为不画出入口图例，下图为画出入口图例 ② 用粗实线表示
原有的建筑物	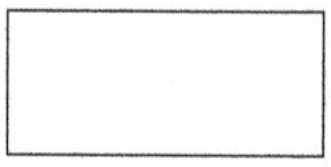	用细实线表示
计划扩建的预留地或建筑物		用中虚线表示
拆除的建筑物	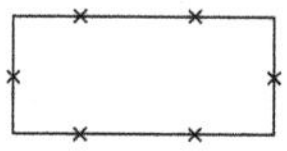	用细实线表示
坐标	$X=105.00$ $Y=425.00$ $A=131.51$ $B=278.25$	上图表示测量坐标 下图表示施工坐标
室内标高	3.600	
室外标高	▼143.000	

识读总平面图时应注意如下要点。

① 先看图样的比例、熟悉图例，阅读文字说明，了解工程性质。

② 了解建筑物的基本情况、建设地段的地形、用地范围及周边环境道路的布置情况。

③ 掌握拟建建筑物的定位方式。

④ 掌握拟建建筑物的室内外高差、道路标高、坡度等情况。

（3）建筑平面图

建筑平面图是假想用以水平剖切平面沿房屋门、窗、洞口位置将房屋剖开，画出一个按照国家标准图例表示的房屋水平投影全剖图。对于多层建筑，一般情况，每一楼层对应一张平面图（图中标明楼层层数），再加上屋顶平面图。如果其中某几个楼层结构完全相同，可用同一张平面图表明，该平面图被称为标准层平面图。

建筑平面图常用比例1∶50、1∶100、1∶200绘制。由于比例较小，平面图中许多构配件，如门、窗等，均不按真实投影绘制，而是采用规定的图例。如表2-10所列。

表 2-10 建筑平面图常用图例

名称	图例
烟道	
空门洞	
单扇门	
双扇门	
推拉门	
单层固定窗	
单层外开平开窗	
双层外开平开窗	
推拉窗	
不可检查井	
可检查井	

识读建筑平面图时应注意以下要点。

① 看图名、比例、指北针，了解是哪一层平面图，房屋的朝向如何。

② 看房屋平面外形和内部墙的分割情况，了解房屋总长度、总宽度、房间的开间、进深尺寸、房间分布、用途、数量及相互间的联系，入口、楼梯的位置，室外台阶、花池、散水的位置。

③ 细看图中定位轴线编号及间距尺寸，墙柱与轴线的关系，内外墙上开洞位置及尺寸，门的开启方向，各房间开间进深尺寸，楼底面标高。

④ 查看平面图上剖面的剖切符号、部位及编号，以便于与剖面图对照着读；查看平面图中的索引符号、详图的位置以及选用的图集。

提示：尺寸标注包括外部尺寸和内部尺寸。外部尺寸线一般在图样的四周标注，并且在下方及左侧，分三道标注。第一道尺寸表示外轮廓总尺寸，用以计算房屋的占地面积；第二道尺寸线为轴线间距离，用以说明房间开间进深尺度；第三道尺寸线表示门窗洞口、窗间墙及柱的尺寸。内部尺寸线表示室内的门窗洞、空洞、墙厚和固定设备的大小和位置。

（4）建筑立面图

建筑立面图是平行于建筑物各个方向立面的正投影图，一般按照建筑立面的主次来命名，如正立面图、背立面图；也可以按照建筑物的朝向来命名，如南立面图、北立面图、东立面图、西立面图；还可以按照立面左右轴线的编号来命名，如①～⑧轴立面图、⑧～①立面图等。建筑立面图主要表明建筑物的外形，门窗、台阶等位置，并用标高体现出建筑物的总高度、各楼层高度、室内外地坪标高等，还可以表明建筑物外墙的艺术处理、所用材料。

立面图常用1∶50、1∶100、1∶200比例绘制。识读立面图时可按照如下顺序。

① 先看图名、比例、立面外形、外墙表面装修做法与分割形式、粉刷材料的类型和颜色。

② 再看立面图中各标高，通常注有室外标高、出入口地面、勒脚、窗门、大门、檐口、女儿墙顶标高。

③ 查看图中的索引符号。

识读建筑立面图时应该注意以下要点。

① 要根据建筑平面图上的指北针和定位轴线编号查看立面图的朝向。

② 与建筑平面图和剖面图对照，核对标高数值和高度尺寸，如室内外高差，窗台、门窗的高度以及总高尺寸等。

③ 查看门窗的位置与数量并与建筑平面图及门窗表核对。

④ 注意建筑外墙面的装修做法。

（5）建筑剖面图

建筑剖面图是用一个假想的竖直剖切平面垂直于外墙将房屋剖开，移除靠近观察者的部分，对正立面留下部分作出的正投影图，主要用来表示建筑内部的楼层分层、垂直方向高度、简要的结构形式、构造及材料情况。剖面图多用于能显露建筑内部结构和构造比较复杂、有变化、有代表性的主要入口和楼梯间处。

建筑剖面图常选用比平面图、立面图大的比例绘制，1∶50和1∶100是剖面图常用的比例。识读剖面图时可按照以下顺序。

① 首先看图名、轴线编号、绘图比例，注意外墙的定位轴线及其间距尺寸和各标高的位置。

② 然后结合平面图明确剖切位置以及被剖切的各部分结构、构件的位置、尺寸、形状、图例来看楼屋面构造做法。

③ 最后查看索引。剖面图中不能标示清楚的地方，如檐口、泛水、栏杆等处一般都注有详图索引，应该查明出处。

在阅读建筑剖面图时还应该注意以下要点。

① 要由建筑平面图到建筑剖面图、由外到内、由上到下反复查阅，形成对建筑的整体认识。

② 识读剖面图的重点应该放在了解高度尺寸、标高、构造关系及做法上。必须熟悉图例并结合详图阅读。

③ 要依照建筑平面图上剖切位置线核对剖面图的内容。

④ 查看室外部分内容。可以从 ±0.000m 的位置开始，先沿外墙查阅防潮层、勒脚、散水的位置、尺寸、材料及做法；然后沿外墙向上看窗台、过梁、楼板与外墙的关系以及形状、位置、材料及做法等。

⑤ 查看室内部分内容。可以从 ±0.000m 开始，沿内墙向下查看防潮层、管沟，向上查看门洞地面、楼面、墙面、踢脚线、顶棚各部分的尺寸、材料及做法等。

⑥ 应注意查看图中有关部分的坡度标注，如屋面、散水、坡道等。

⑦ 仔细查阅剖面图中的详图索引符号，与施工详图对照。

（6）建筑详图

建筑详图是用比较大的比例绘制的建筑细部施工图，也被称为大样图，它主要表现某些建筑剖面节点的细部情况，以达到详细说明的目的。一般来说，根据建筑物构造的复杂程度，一幢房屋的施工图需要绘制外墙节点详图、楼梯详图、厨房详图、厕所详图、阳台详图和台阶详图等。

建筑详图一般用较大的比例绘制，常用比例为 1∶20。识读建筑详图时可以按照如下顺序。

① 先看详图名称、比例、各部位尺寸。

② 然后看构造做法以及所用材料、规格，核实各部位的标高、高度方向的尺寸和细部尺寸。

③ 最后看详图中的索引，熟悉详图与被索引图样的对应关系。

阅读建筑详图时还应注意以下要点。

① 阅读外墙剖面详图时，首先应该找到图所表示的建筑部位，与平面图、剖面图及立面图对照来看。看图时应该由下到上或由上到下阅读。了解各部位的详细做法和构造尺寸，并应与总说明中的材料做法表核对。

② 阅读楼梯详图时，各层平面图中所画的每一分格表示楼段的一级。但因为楼段最高一级的台面与平台面或楼面重合，所以平面图中每一楼段画出的踏面数量比踏面数少一个。

思考与练习

1. 建筑施工图有什么作用？包括哪些内容？

2. 建筑总说明的作用是什么？

3. 建筑立面图有哪些命名方法？

4. 建筑详图的作用是什么？

2.4.2　结构施工图识读

2.4.2.1　结构设计总说明

结构设计说明以文字叙述为主，包含水文、地质、气象、地震烈度等基本数据，反映了结构设计的依据、结构形式、构件材料及要求、构造做法、施工要求等内容。

2.4.2.2　基础平面图

基础平面图是假想用一水平面沿建筑物首层室内地面以下适当位置进行剖切，然后把建筑物上部及基础两侧的回填土移除，作剩余部分的水平正投影。基础平面图主要反映了基础的平面布置，墙、柱与轴线之间的关系，为施工放线、开挖基槽和砌筑基础提供依据。识读基础平面图时应注意以下要点。

① 先看图名、比例，然后结合建筑平面图了解基础平面图的定位轴线，了解基础的数量以及基础间定位轴线尺寸，明确基础、墙体与轴线的相互关系。注意轴线是否为对称轴线，若为偏轴线，则需注意哪边宽、哪边窄、尺寸多大。

② 了解基础、墙、垫层、基础梁的平面布置、形状尺寸等。

③ 看基础平面图中剖切线及其编号，了解基础断面图的种类、数量及其分布位置，并与其他图纸进行对照，了解构件之间的尺寸关系等情况。

④ 看施工说明，了解基础的用料、施工注意事项等内容。

提示：识读基础平面图时应该注意首先看文字说明，从中了解有关材料、施工条件等内容。注意观察基础平面图与建筑平面图的定位轴线是否一致，注意了解墙厚、预留洞的位置及尺寸、剖面及其位置等。

2.4.2.3　基础详图

基础详图是沿基础的某一处垂直剖切得到的断面图。此断面图可以体现基础的断面形状、尺寸、材料、构造以及基础埋置深度等信息。识读基础详图时应注意以下要点。

① 通过标号对位置。先用基础详图的标号找到对应基础平面的位置，了解轴线与基础各部位的相对位置，掌握大放脚、基础墙、基础圈梁和轴线的关系。

② 看细部、看标高。通过基础底面标高可了解基础的埋置深度。

③ 看施工说明，了解防潮层的做法、各种材料的强度、钢筋的等级以及对基础施工的要求。

提示：阅读基础详图时，要注意防潮层位置，大放脚做法，垫层厚度，基础梁（或圈梁）的位置、尺寸、配筋情况以及基础埋深和标高等。

2.4.2.4　各层结构平面图

结构平面图是假想沿楼面将房屋水平剖切后，移除上部，作下部的水平正投影。它表示建筑物各楼层平面及屋顶承重构件的平面布置情况，主要分为地下室平面图、楼层平面图和屋顶平面图。识读结构平面图时应注意以下要点。

① 首先看图名、比例和各轴线编号，从而明确各结构构件之间的关系，如承重墙与柱的平面关系，轴线间尺寸与构件长宽的关系，构件在墙上的支撑长度以及各种构件的名称、编号及定位尺寸等。

② 查看各种楼板、梁的平面布置以及类型和数量等。

③ 了解梁板墙、圈梁之间的连接关系和构造处理。

④ 查看构件详图、钢筋表以及施工说明，了解对施工材料、施工方法等提出的要求。

2.4.2.5　构件详图

钢筋混凝土结构是最常见的建筑结构类型之一。钢筋混凝土构件主要有梁、板、柱、屋架等。钢筋混凝土构件详图一般包括模板图、配筋图和预埋件图。其中，模板图只用于比较复杂的构件；配筋图主要表示构建内部钢筋的布置、形状、直径、数量和规格，是钢筋混凝土构件详图中非常重要的图样，包括立面图、断面图和钢筋详图。在识读钢筋混凝土构件详图时可以按照以下顺序。

① 看图名、比例并对照平面图了解构件的位置。

② 通过构件立面图和断面图了解构件的立面轮廓、长度、截面尺寸、钢筋的走向、在横截面中的排列布置情况、钢筋编号、直径、间距以及截断位置等。

提示：阅读钢筋混凝土构件详图时，应该首先从说明中了解钢筋的级别、直径、混凝土强度等级等；然后从配筋图和截面图中了解钢筋骨架的构成和各标号钢筋的形状和数量；最后从钢筋明细表中了解构件用料的情况。

> **思考与练习**
>
> **?**
>
> 1. 结构施工图包括哪几个部分？各部分主要内容是什么？
> 2. 建筑结构包括哪些承重构件？
> 3. 什么叫作基础平面图？
> 4. 什么叫作配筋图？有何作用？

2.4.3　设备施工图识读

在完整的建筑设计图中，除了建筑施工图和结构施工图外，还包括给水、排水、采暖、电气、照明等方面的图纸，这些图纸就是设备施工图。由于这些设备都是建筑物中不可缺少的附属设备，作为建筑工程技术人员，也应对设备施工图有所了解。这些设备的配置应该在功能上完全配合建筑和结构的要求，因此，设备施工图必须与建筑设计图纸相呼应。

　　在阅读设备施工图纸时，应注意以下特点。

　　① 给水、排水、采暖、电气、照明等设备都是通过管线和设备装置组成的，而管线是难以采用真实投影的方法表达出来的，设备装置一般都是工业制成品，也没有必要画出其全部详图，因此，水暖电的设备装置和管道、线路多采用国家标准规定的统一图例符号表示，如表 2-11 所示。所以在阅读图纸时，应首先了解与图纸有关的图例符号及其所代表的内容。

表 2-11　设备施工图常用图例

名称	图例	名称	图例
闸阀	⋈	截止阀	
延时自闭冲洗阀		盥洗盆	
球阀		止回阀	
立式小便器		蹲式大便器	
挂式小便器		坐式大便器	
检查口		清扫口	
水表井		水龙头	
异径管		法兰连接	
丝堵		疏水器	
离心水泵		地沟及检查井	

　　② 给水、排水、采暖、电气、照明管道系统或线路系统有一个共性，即无论是管道中的水流、气流还是线路中的电流都是由一个来源按一定方向流动，最后和设备相连接。如：

　　室内给水系统：引入管→水表井→干管→支管→用水设备；

　　室内电气系统：进户线→配电箱→干线→支线→用电设备。

　　根据这一特点，就可以按这个顺序识读管线图，迅速掌握图纸内容。

建筑制图基础

思考与
练习

?

　　1. 什么是设备施工图？

　　2. 室内给水系统一般按照怎样的顺序进行识读？

Revit建筑建模基础

任务3.1

Revit建模的软件环境

建议课时： 2学时。

教学目标： 通过本任务的学习，了解Revit建模的软件环境。

知识目标： 掌握软件界面的基本构成、视图面板及主要功能。

能力目标： 具备快速进行软件命令检索的能力。

思政目标： 培养学生统筹兼顾又善于抓住重点的能力，培养学生逻辑思维能力和总结归纳的能力。

　　Revit 使用了旨在简化工作流的 Ribbon 界面，用户可以根据自己的需要修改界面布局。例如，可以将功能区设置为四种显示设置之一，还可以同时显示若干个项目视图，或修改项目浏览器的默认位置。

　　图 3-1 所示是在项目编辑模式下的 Revit 2020 工作界面（彩图见本书彩插），和前期版本的界面形式基本相同，功能上略有增加。

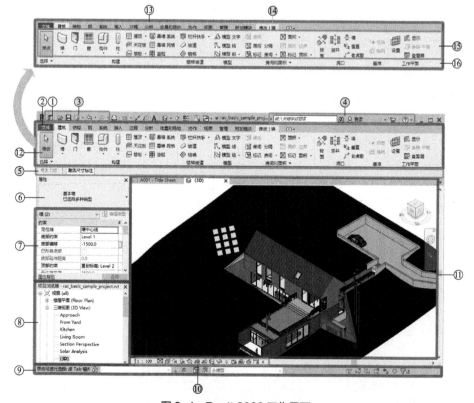

图 3-1　Revit 2020 工作界面

Revit 2020 工作界面主要包含如下区域：③快速访问工具栏；④信息中心；⑤选项栏；⑦属性选项板；⑧项目浏览器；⑨状态栏；⑩视图控制栏；⑪绘图区域；⑫功能区。

其中，① Revi 主页是③快速访问工具栏的一个子项；⑥类型选择器是⑦属性选项板的一个子项。

⑫功能区包含的内容最为丰富，包括四个子界面：⑬功能区上的选项卡；⑭功能区上的上下文选项卡，提供与选定对象或当前动作相关的工具；⑮功能区当前选项卡上的工具；⑯功能区上的工具面板。

②文件选项卡是⑬功能区上的选项卡的一个子项。

3.1.1 快速访问工具栏

快速访问工具栏包含一组默认工具。可以对该工具栏进行自定义，使其显示用户最常用的工具。默认情况下快速访问工具栏包含的项目如表 3-1 所示。

表 3-1 快速访问工具栏项目

快速访问工具栏项目	说 明
（打开）	打开项目、族、注释、建筑构件或 IFC 文件
（保存）	用于保存当前的项目、族、注释或样板文件
（撤销）	用于在默认情况下取消上次的操作。显示在任务执行期间执行的所有操作的列表
（恢复）	恢复上次取消的操作。另外还可显示在执行任务期间所执行的所有已恢复操作的列表
（切换窗口）	单击下拉箭头，然后单击要显示切换的视图
（三维视图）	打开或创建视图，包括默认三维视图、相机视图和漫游视图
（同步并修改设置）	用于将本地文件与中心服务器上的文件进行同步
（定义快速访问工具栏）	用于自定义快速访问工具栏上显示的项目。要启用或禁用项目，可在"自定义快速访问工具栏"下拉列表上该工具的旁边单击

用户可以根据需要自定义快速访问工具栏中的工具内容，根据需要重新排列顺序。例如，要在快速访问工具栏中创建墙工具，如图 3-2 所示，右击功能区"建筑"选项卡→"墙"工具，在弹出的快捷菜单中选择"添加到快速访问工具栏"即可将墙及其附加工具同时添加至快速访问工具栏中。如图 3-3 所示，使用类似的方式，在快速访问工具栏中右击任意工具，选择"从快速访问工具栏中删除"，可以将工具从快速访问工具栏中移除。

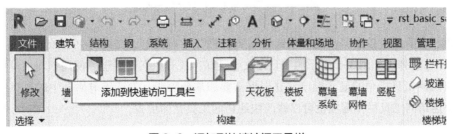

图 3-2 添加到快速访问工具栏

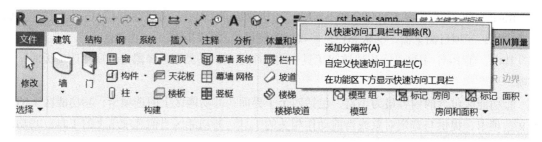

图3-3　从快速访问栏中删除

　　快速访问工具栏可以显示在功能区下方。在快速访问工具栏上单击"自定义快速访问工具栏"下列菜单"在功能区下方显示"，如图3-4所示。

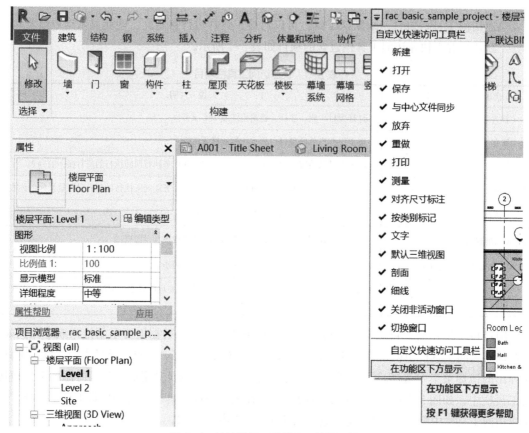

图3-4　快速访问工具栏显示位置调整

　　如图3-4所示，单击"自定义快速访问工具栏"下列菜单，在列表中选择"自定义快速访问工具栏"，将弹出如图3-5所示的"自定义快速访问工具栏"对话框。使用该对话框可以重新排列快速访问工具栏中的显示顺序，并根据需要添加分隔线。勾选该对话框中的"在功能区下方显示快速访问工具栏"选项也可以修改快速访问工具栏的位置。

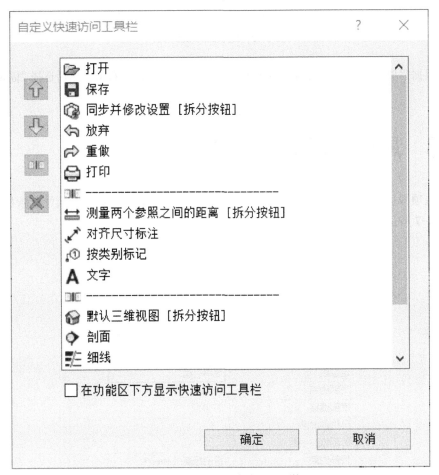

图 3-5　自定义快速访问工具栏

　　Revit 主页是 Revit 2020 新引入的功能。使用 Revit 主页来访问和管理与用户的模型相关的信息。通过在"快速访问工具栏"上单击▣（主页）或按 Ctrl+D 键可随时返回到主页。使用 Revit 主页来打开云中的 Revit 工作共享或非工作共享模型。

3.1.2　选项栏

　　选项栏默认位于功能区下方，用于设置当前正在执行的操作的细节。选项栏的内容比较类似于 AutoCAD 的命令提示行，其内容因当前所使用的工具或所选图元的不同而不同。图 3-6 所示为使用墙工具时选项栏的设置内容。

图 3-6　选项栏的设置内容

可以根据需要将选项栏移动到 Revit 窗口的底部。在选项栏上右击，然后选择"固定在底部"即可。

3.1.3　属性选项板

属性选项板可以查看和修改用来定义 Revit 中图元实例属性的参数。 属性选项板各部分的功能如图 3-7 所示。

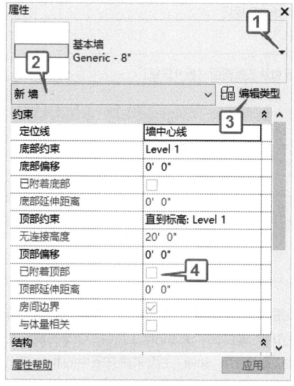

图 3-7　属性选项板

1— 类型选择器；2—属性过滤器；3—"编辑类型"按钮；4—实例属性

在任何情况下，按快捷键 Ctrl+I 均可打开或关闭属性选项板，还可以选择任意图元，单击上下文选项卡中"属性"按钮，或在绘图区域中右击，在弹出的快捷菜单中选择"属性"选项将其打开。可以将该选项板固定到 Revit 窗口的任一侧，也可以将其拖拽到绘图区域的任意位置成为浮动面板。

当选择图元对象时，属性选项板将显示当前所选择对象的实例属性；如果未选择任何图元，则选项板上将显示活动视图的属性。

3.1.4　项目浏览器

项目浏览器用于组织和管理当前项目中包含的所有信息，包括项目中所有视图、明细表、图纸、族、组、链接的 Revit 模型等项目资源。Revit 按逻辑层次关系组织这些项目资源，方便用户管理。展开和折叠各分支时，将显示下一层级的内容。图 3-8 所示为项目浏览器中包含的项目类别。项目浏览器中，项目类别前显示"＋"表示该类别中还包括其他子类别项目。在 Revit 中进行项目设计时，最常用的操作就是利用项目浏览器在各视图中切换。

图 3-8　项目浏览器

3.1.5　状态栏

状态栏会提供要执行的操作的有关提示，状态栏沿应用程序窗口底部显示，如图 3-9（a）所示。高亮显示图元或构件时，状态栏会显示族和类型的名称。打开大的文件时，进度栏显示在状态栏左侧，它指示文件的下载进度，如图 3-9（b）所示。

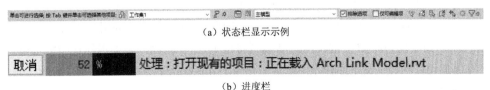

（a）状态栏显示示例

（b）进度栏

图 3-9　状态栏

3.1.6 视图控制栏

在楼层平面视图和三维视图中，绘图区各视图窗口底部均会出现视图控制栏，如图3-10所示。

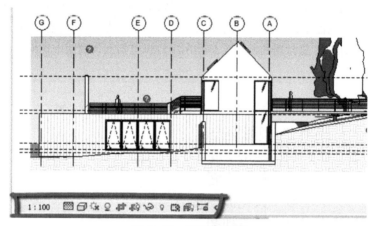

图3-10 视图控制栏

通过视图控制栏，用户可以快速访问影响当前视图的功能，其中包括下列17个功能：视图比例；详细程度；视觉样式；打开/关闭日光路径；打开/关闭阴影；显示/隐藏渲染对话框（仅当绘图区域显示三维视图时才可用）；裁剪视图；显示/隐藏裁剪区域；解锁/锁定三维视图；临时隐藏/隔离；显示隐藏的图元；工作共享显示（仅当为项目启用了工作共享时才使用）；临时视图属性；显示或隐藏分析模型[仅用于机械、电气和管路（简称MEP）和结构分析]；高亮显示置换组；显示约束；预览可见性（只在族编辑器中可用）。

以下对几个常用的功能进行介绍。

（1）视图比例

视图比例在图纸中用于表示对象的比例。"视图比例"参数允许用户设置打印特定视图的比例。在AutoCAD中，习惯于缩放视口以设置打印比例。Revit中没有这样复杂的过程，只需在"每个视图"的基础上设置比例，将视图放置在图纸上，然后打印图纸即可。

当用户查看注释元素（即文本注释）和模型元素（即墙壁、门、窗户等）之间的关系时，Revit会自动处理这两种类型的元素之间的差异缩放。下面举一个简单的例子来说明这一点。一张简单的平面图，当前设置为"1：200"比例，如图3-11（a）所示，它上面有"大门"的文字注释，标签以3mm高的字体创建。将该视图的比例更改为"1：100"，如图3-11（b）所示，请注意，标签（文本注释）相对于其周围的房间显得变小。实际上，标签的大小保持不变（即3mm高的字体），这是模型元素的比例增加了。因此，Revit会自动为用户处理文本大小和模型元素大小。如果用户打印出该视图，则模型将按1：100缩放，文本实际在图纸上的高度为3mm。在缩放设计和相关文本注释方面，这是相较于AutoCAD的一项重大改进。

（2）详细程度

Revit提供了三种视图详细程度：粗略、中等、精细。Revit中的图元可以在族中定义在不同视图详细程度模式下要显示的模型。如图 3-12 所示，是在门族中分别定义"粗略""中等""精细"模式下图元的表现。Revit 通过视图详细程度控制同一图元在不同状态下的显示，以满足出图的要求。

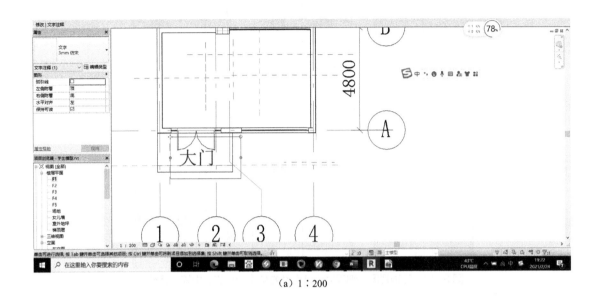

（a）1：200

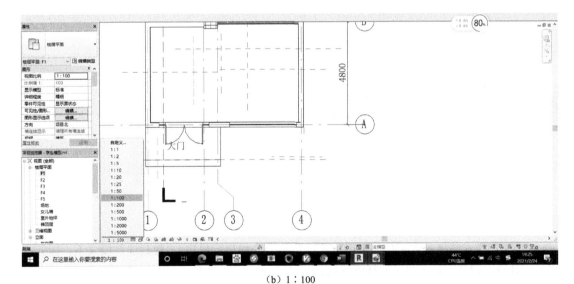

（b）1：100

图 3-11　视图比例变更前后效果对比

（3）视觉样式

视觉样式用于控制模型在视图中的显示方式。如图 3-13 所示，Revit 提供了 6 种视觉样式："线框""隐藏线""着色""一致的颜色""真实""光线追踪"，显示效果逐渐增强，但所需要的系统资源也越来越多。一般平面或剖面施工图可设置为线框或隐藏线模式，这样系统消耗资源较少，项目运行较快。

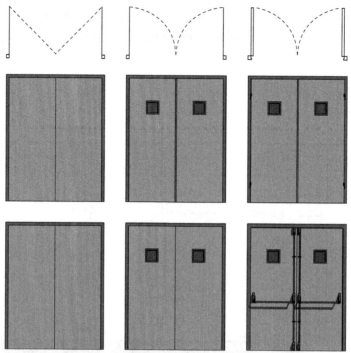

图 3-12　三种视图详细程度（从左往右依次为粗略、中等、精细）

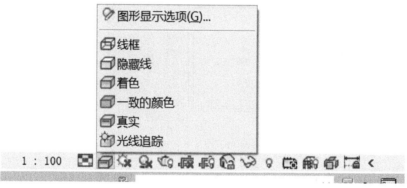

图 3-13　视觉样式

"线框"模式是显示效果最差但运行速度最快的一种显示模式。"隐藏线"模式下，图元将做遮挡计算，但并不显示图元的材质颜色；"着色"模式和"一致的颜色"模式都将显示对象材质定义中"着色颜色"中定义的色彩，"着色"模式将根据光线设置显示图元明暗关系，"一致的颜色"模式下图元将不显示明暗关系；"真实"模式和材质定义中"外观"选项参数有关，用于显示图元渲染时的材质纹理；"光线追踪"模式将对视图中的模型进行实时渲染，效果最佳，但将消耗大量的计算机资源。

（4）临时隐藏 / 隔离，显示隐藏的图元

如果只是要查看或编辑视图中特定类别的少数几个图元时，临时隐藏或隔离图元或图元类别会很有用。"隐藏"可在视图中隐藏所选图元，"隔离"可在视图中显示所选图元并隐藏所有

其他图元。该工具只会影响绘图区域中的活动视图。当关闭项目时，除非该修改是永久性修改，否则图元的可见性将恢复到其初始状态。"临时隐藏 / 隔离"也不影响打印。

临时隐藏 / 隔离图元或图元类别的操作步骤如下：

① 在绘图区域中选择一个或多个图元。

② 在视图控制栏上单击 （临时隐藏 / 隔离），然后选择下列选项之一。

隔离类别：例如，如果选择了某些墙和门，则仅在视图中显示墙和门。

隐藏类别：隐藏视图中的所有选定类别。例如，如果选择了某些墙和门，则在视图中隐藏所有墙和门。

隔离图元：仅隔离选定图元。

隐藏图元：仅隐藏选定图元。

临时隐藏图元或图元类别时，将显示带有边框的"临时隐藏 / 隔离"图标（ ）。

不保存更改就退出临时隐藏 / 隔离模式：在视图控制栏上单击 ，然后单击"重设临时隐藏 / 隔离"，所有临时隐藏的图元恢复到视图中。

退出临时隐藏 / 隔离模式并保存更改：在视图控制栏上单击 ，然后单击"将隐藏 / 隔离应用到视图"。

临时查看隐藏图元或将其取消隐藏：在视图控制栏上单击 （显示隐藏的图元），此时，"显示隐藏的图元"图标和绘图区域将显示一个彩色边框，用于指示用户处于"显示隐藏的图元"模式下，所有隐藏的图元都以彩色显示，而可见图元则显示为半色调。

3.1.7　绘图区域

Revit 窗口中的绘图区域显示当前项目的楼层平面视图以及图纸和明细表视图。在 Revit 中每当切换至新视图时，都将在绘图区域创建新的视图窗口，且保留所有已打开的其他视图。

默认情况下，绘图区域的背景颜色为白色。在"选项"对话框"图形"选项卡中，可以设置视图中的绘图区域背景反转为黑色。如图 3-14 所示，使用"视图"选项卡"窗口"面板中的"平铺""层叠"工具，可设置所有已打开视图排列方式为平铺、层叠。

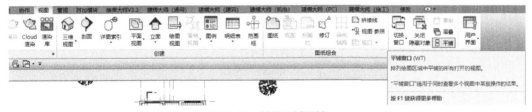

图 3-14　绘图区域平铺

3.1.8　功能区

创建或打开文件时，功能区会显示，它提供创建项目或族所需的全部工具。如图 3-15 和所示，功能区主要由选项卡、工具面板和工具组成。单击工具可以执行相应的命令，进入绘制或编辑状态。推荐按选项卡→工具面板→工具的顺序描述操作中使用的工具的所在的位置。

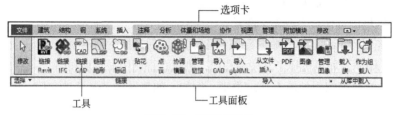

图 3-15　功能区组成

调整窗口的大小时，功能区中的工具会根据可用的空间自动调整大小。该功能使所有按钮在大多数屏幕显示尺寸下都可见。

（1）展开的面板

面板标题旁的箭头表示该面板可以展开，用来显示相关的工具和控件，如图 3-16 所示。

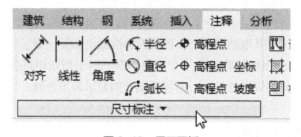

图 3-16　展开面板

默认情况下，单击面板以外的区域时，展开的面板会自动关闭。要使面板在其功能区选项卡显示期间始终保持展开状态，单击展开的面板左下角的图钉图标，如图 3-17 所示。

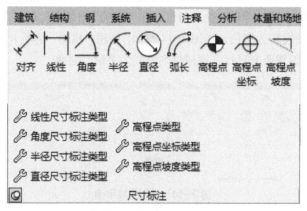

图 3-17　固定展开的面板

（2）对话框启动器

通过某些面板可以打开用来定义相关设置的对话框。面板底部的对话框启动器按钮 ⌐ 将打开一个对话框，如图 3-18 所示。

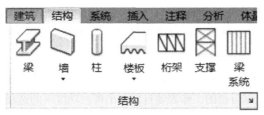

图 3-18　对话框启动器

（3）功能区上下文选项卡

使用某些工具或者选择图元时，功能区上下文选项卡中会显示与该工具或图元上下文相关的工具。退出该工具或清除选择时，上下文选项卡将关闭。图 3-19 为功能区上下文选项卡。

图 3-19　功能区上下文选项卡

（4）文件选项卡

单击功能区中的"文件"按钮，可以打开文件选项卡列表，如图 3-20 所示。注意"文件"选项卡无法在功能区中移动。

图 3-20　文件选项卡列表

　　"文件"选项卡类似于传统界面下的"文件"菜单，包括新建、保存、打印、关闭等操作均可以在此执行。在应用程序菜单中，可以单击各菜单右侧的箭头查看每个菜单项的展开及选项，然后单击列表中各选项执行相应的操作。

　　单击应用程序菜单右下角"选项"按钮，可以打开"选项"对话框，如图3-21所示。在"用户界面"选项中，用户可根据自己的工作需要自定义出现在功能区的选项卡命令，并自定义快捷键。

图3-21　"选项"对话框

工作界面介绍

拓展小知识　　Revit 2018及以上版本在功能区增加了"文件"选项卡，它和早期Revit版本中的"应用程序菜单" ⬆功能基本相同。

任务3.2
Revit建模的硬件环境

建议课时： 0.5学时。

教学目标： 通过本任务的学习，了解Revit运行的硬件环境。

知识目标： 掌握硬件配置。

能力目标： 具备硬件环境的认知能力。

思政目标： 培养统筹兼顾又要善于抓住重点的能力；培养逻辑思维能力和总结归纳的能力。

Revit 2020 对于硬件环境的要求较高，综合考虑价格和性能，以性价比优先的推荐配置见表3-2。

表 3.2　Revit 2020 性价比优先的硬件配置

操作系统	Microsoft Windows 10 64 位 Windows 10 Enterprise 或 Windows 10 Pro
CPU 类型	支持 SSE2 技术的多核 Intel Xeon，或 i 系列处理器，或 AMD 同等级别处理器。建议尽可能使用高主频 CPU Revit 软件产品将使用多个内核执行许多任务
内存	16GB RAM。足够一个约占 300MB 硬盘空间的单个模型进行常见的编辑会话。该评估基于内部测试和客户报告。不同模型对计算机资源的使用情况和性能特性会各不相同。在一次性升级过程中，旧版 Revit 软件创建的模型可能需要更多的可用内存
视频显示器分辨率	最低要求：1680×1050 真彩色显示器 最高要求：超高清（4K）显示器
视频适配器	支持 DirectX 11 和 Shader Model 5 的显卡
硬盘空间	30GB 可用磁盘空间

任务3.3

Revit参数化设计的概念与方法

建议课时: 1.5学时。

教学目标: 通过本任务的学习,了解Revit参数化设计的相关概念与方法。

知识目标: 掌握参数化设计的概念、族的参数化等相关内容。

能力目标: 具备认知Revit参数化设计的相关概念与方法的能力。

思政目标: 培养统筹兼顾又要善于抓住重点的能力,培养逻辑思维能力和总结归纳的能力。

3.3.1　参数化设计的概念

Revit 软件系列包括 Revit Architecture、Revit MEP、Revit Structure 等,都是以"参数化"的概念来架构整个模型,参数化建模是 BIM 技术的重要基础。术语"参数化"是指项目中所有图元(Elements,也有文献译成组件)之间的关系。图元是 Revit 组构建筑信息模型的基本元素,大致可分成模型图元(Model Elements)、基准图元(Datum Elements)、视图特有图元(View-Specific Elements)三类。

Revit 通过参数化机制,作出其模型结构组件间的协调和变更管理,这个机制就是所谓"参数设变引擎"。这些关联关系一部分是由软件是统自身默认的,而另一部分则是建模者视需要所赋予的,定义这些关系的数值或特性,就称为参数。Revit 通过修改构件中预设或自定义的各种参数实现对模型的变更和修改,这个过程称之为参数化修改。该功能能为 Revit 提供了基本的协调能力和生产效率优势:在任何时候去更改一个项目模型中的任何图元,Revit 的参数设变引擎会自动协调整个项目模型中的变更。

下面给出了这些图元关系的示例。

① 门与相邻隔墙之间为固定尺寸。如果移动了该隔墙,门与隔墙的这种关系仍保持不变。

② 楼板或屋顶的边与外墙有关,因此当移动外墙时,楼板或屋顶仍保持与墙之间的连接。在本例中,参数是一种关联或连接。

③ 钢筋会贯穿给定图元等间距放置。如果修改了图元的长度,这种等距关系仍保持不变。在本例中,参数不是数值,而是比例特性。

Revit 会立即确定更改后所影响的图元,并将更改反映到所有受影响的图元。Revit 的一个基本特性是可以随时协调修改并保持一致性。用户无须自己处理图或进行其他内容的更新。在进行更改时，Revit 会使用两个重要的创意，这使其功能非常强大且易于使用。 第一个创意是可以在设计者工作期间捕获关系。 第二个创意是可以传播建筑修改。这些创意的结果是使软件可以像人那样智能化工作，而不要求输入对于设计无关紧要的数据。

3.3.2　族的参数化

Revit 族是某一类别中图元的类，是根据参数（属性）集的共用、使用上的相同和图形表示的相似来对图元进行分组。一个族中不同图元的部分或全部属性可能有不同的值，但属性的设置是相同的。

Revit 参数化设计的最重要的应用之一是参数化族。本部分以边长可调的长方体案例说明参数化族的创建和应用方法。

3.3.2.1　选择族样板

单击"文件"选项卡（或者"应用程序菜单" ）-"新建"-"族"，打开"选择样板文件"对话框，选取"公制常规模型 .rft"作为族样板文件，如图 3-22 所示。

图 3-22　选择族样板

3.3.2.2　设置族参数

参数对于族十分重要，正是有了参数来传递信息，族才具有了强大的生命力。单击"族类型"对话框中的"添加"按钮，如图 3-23 中 1、2 所示，打开"参数属性"对话框，添加长、宽、高三个参数，三个参数的类型均选择"族参数"（非"共享参数"）"实例"，如图 3-23 右侧窗口所示。类型参数和实例参数的对比见表 3-3。

图 3-23　设置族参数

表 3-3　类型参数和实例参数对比说明

参数	说明
类型	如果有同一个族的多个相同的类型被载入到项目中，类型参数的值一旦被修改，则所有的类型个体都会发生相应的变化
实例	如果有同一个族的多个相同的类型被载入到项目中，其中一个类型的实例参数的值一旦被修改，则只有当前被修改的这个类型的实例会相应变化，该族的其他类型的这个实例参数的值仍然保持不变

提示：如果更改参数属性为"类型"，请比较"类型"和"实例"的区别。

3.3.2.3　创建参照线和参照平面

在 Revit 中，参照线和参照平面是制作族时常用到的工具，经常需要将模型实体锁定到参照平面上，由参照平面驱动实体进行参变；而参照线主要是用来控制角度进行参变。

单击功能区中的"创建"选项卡-"参照平面"，如图 3-24 所示，将鼠标光标移至绘图区域，单击即可指定"参照平面"起点，移动至终点位置再次单击，即完成一个"参照平面"的绘制。接下来可以继续移动鼠标光标绘制下一个"参照平面"，或按两下 Esc 键退出。

图 3-24　创建参照平面

在绘图区域绘制 4 个参照平面，并在参照平面上标注尺寸、添加标签，如图 3-25 所示。

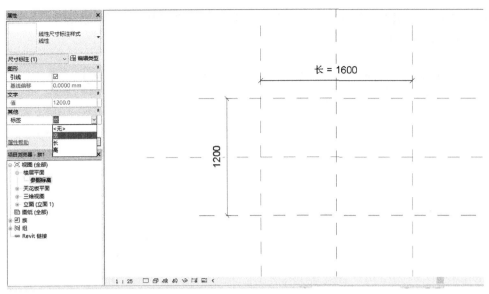

图 3-25　绘制 4 个参照平面

3.3.2.4　绘制轮廓

单击功能区中的"创建"选项卡 -"拉伸"，出现"修改①创建拉伸"上下文选项卡，选择"矩形"方式在绘图区域绘制，绘制完后按 Esc 键退出绘制，如图 3-26 所示。

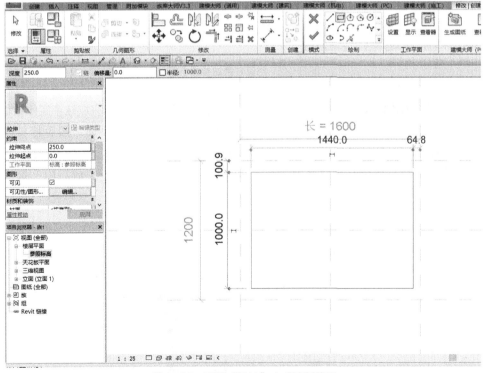

图 3-26　采用"拉伸"方式绘制截面

单击"修改 | 创建拉伸"上下文选项卡"对齐"，将任意绘制的矩形和原先的 4 个参照平面对齐并锁上，如图 3-27 所示。

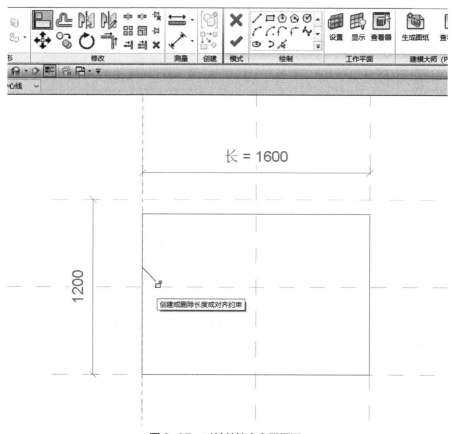

图 3-27　对其并锁定参照平面

单击"修改 | 创建拉伸"上下文选项卡中的"完成编辑模式"按钮，完成这个实体的创建。

继续在高度方向上标注尺寸，可以在任何一个立面上绘制参照平面，然后将实体的顶面和底面分别锁在两个参照平面上，再在这两个参照平面之间标注尺寸，将尺寸匹配参数"高"，这样即可通过改变参数值来改变长方体的长、宽、高的形状。完成后的三维模型如图 3-28 所示。

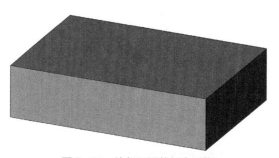

图 3-28　边长可调的长方形族

3.3.2.5 载入到项目

在族编辑器中创建或修改族后，可以通过"修改"-"载入到项目"将该族载入一个或多个已打开的项目中，如图 3-29 所示。或者先保存该族，然后在项目中载入族以使用。

图 3-29 载入到项目

族的参数化介绍

如果族不带参数就无法调整尺寸和属性参数，俗称"死族"。在实际应用中，族往往附带各种尺寸参数和属性参数，俗称"活族"或者"参数化族"。

思考与 练习

1. Revit 2020 的工作界面主要有哪些区域？
2. 创建一墙体，通过"属性选项板"进行墙体类型编辑和属性设置。
3. 打开软件自带案例模型，练习视图控制栏中视图比例、详细程度、视觉样式等功能。
4. 创建一"圆柱体"参数化族。

项目
4

Revit建筑基本构件建模

标高与轴网的创建和编辑

建议课时： 3学时。

教学目标： 通过本任务的学习，完成Revit建筑建模方法介绍，使学习者掌握项目标高和轴网的创建和编辑方法。

知识目标： 深化Revit参数化设计相关基础，掌握Revit建筑正向设计方法，深入理解建筑制图相关知识，掌握标高与轴网的创建和编辑方法。

能力目标： 全面了解Revit建筑建模界面，能灵活地将建筑设计标高轴网的布局步骤运用于建筑项目建模，具备标高轴网创建与编辑的能力。

思政目标： 培养诚实守信、认真负责的职业精神，吃苦耐劳、求实务真的学习态度、团结协作、善于交流的团队意识。

4.1.1 相关知识

标高和轴网是建筑的重要定位信息，使用 Revit 软件进行建筑建模时，可以从标高和轴网开始，确定层高和轴网定位等基本信息，再创建建筑模型也可以先建立体量模型，再根据体量模型创建建筑模型，生成标高信息，并根据门、窗、墙体等构件模型添加轴网、标注尺寸。本任务采用第一种方式介绍建筑建模的流程。

4.1.2 标高的创建与编辑

4.1.2.1 标高的创建

标高工具用于定义垂直高度或建筑内的楼层标高。在 Revit 软件中，标高工具必须在立面和剖面视图中才能使用，在进行项目设计之前，必须要先创建立面视图才可进行标高的创建。

（1）新建一个项目

启动 Revit 软件，打开"新建"＞"项目"命令，单击"浏览"按钮，选择"项目样板 .rte"样板文件，如图 4-1 所示，确认新建类型为"项目"，单击"确定"按钮建立新项目，如需修改项目单位，可在进入 Revit 界面之后，在"管理"＞"设置"中进行编辑和修改。

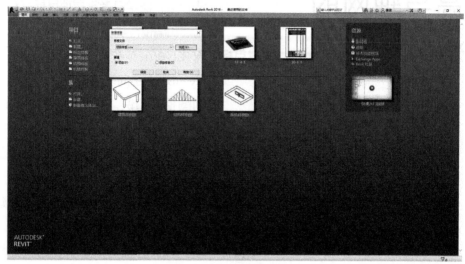

图 4-1　创建项目文件

（2）激活立面视图

进入 Revit 界面之后，在"项目浏览器"中单击"立面"旁边的"+"按钮，任意选择一个立面名称（如南立面），双击进入立面视图创建状态，如图 4-2 所示。

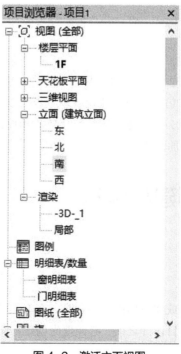

图 4-2　激活立面视图

（3）创建标高

创建标高通常有两种方法：第一种方法是直接绘制标高，用这种方法绘制标高时，软件可自动创建对应的平面视图；另一种方法是复制现有标高，所创建的标高不能自动生成对应的平面视图，需要进行设置。

方法一：利用绘制方法创建标高。

单击"建筑"—"基准"—"标高"按钮，根据虚线提示，在绘图区单击确定标高的起点，拖动鼠标至右侧提示虚线再次单击，确定标高终点，完成标高绘制，如图4-3所示。按两次 Esc 键退出，在项目浏览器楼层平面中可见默认的 F3 楼层平面视图，如图4-4所示。

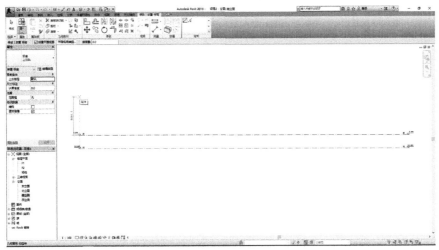

图 4-3　绘制标高

图 4-4　自动生成平面视图

方法二：利用复制方法创建标高。

在绘图区域中，单击"F2"多段线，点击"修改 | 标高"的"修改"面板中的"复制"按钮，单击已有标高线上方任意一点，拖动鼠标至适当位置后单击鼠标左键即可生成"F3"标高线，如图4-5所示。复制后的F3楼层平面视图不可在项目浏览器中直接生成，需要单击"视图"——"创建"——"平面视图"下拉菜单，在打开的"新建楼层平面"对话框中选中新建的楼层后单击"确定"生成，如图4-6所示。

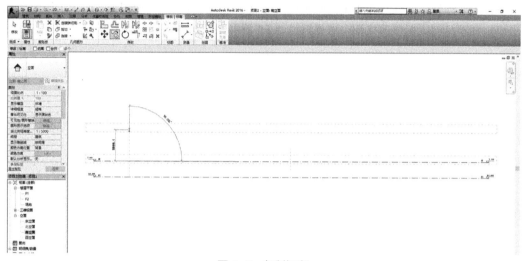

图4-5　复制标高

图4-6　手动导出平面视图

4.1.2.2 标高的编辑

（1）编辑标高值

选择需要编辑的标高线，单击显示的数字部分，根据项目需要修改标高值，如图 4-7 所示。

图 4-7 编辑标高值

（2）标高信息重命名

选择需要重命名的标高线，单击标高两侧的文字部分（如 F1），在弹出的文本框中输入需要重命名的标高名称，如"室外地坪"，如图 4-8 所示。

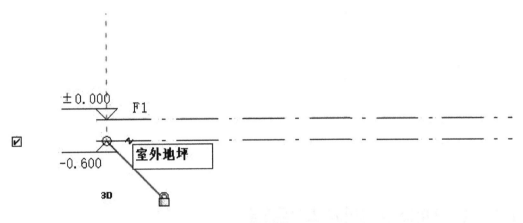

图 4-8 标高重命名

（3）调整标高位置

单击任意标高线，对准标高符号的尖角部分即可见"通过拖拽其模型断点修改标高"提示，按住鼠标左键并左右拖动，标高线会被缩短或拉长，如图 4-9 所示。

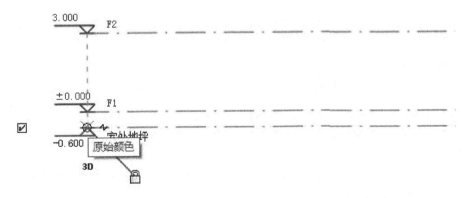

图 4-9 调整标高位置

（4）添加标高弯头

单击需要添加弯头的标高，在标头右侧标高线显示"添加弯头"图标，单击"添加弯头"图标即可改变标高参数和符号显示的位置，拖拽小圆点至标高标头水平位置，可返回至添加弯头前的原显示状态，如图4-10所示，标高符号可根据图纸表达需要，点击标高线并在属性选项板中将属性类型修改为上标头、下标头或正负零标头。

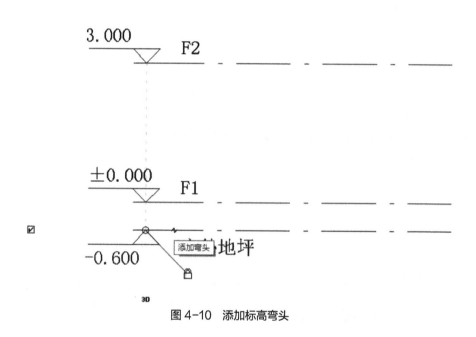

图4-10　添加标高弯头

4.1.3　轴网的创建与编辑

4.1.3.1　轴网的创建

轴网是用于帮助整理设计的注释图元，用于项目构件的定位。Revit可以自动为轴网编号，单击轴网编号，可直接修改轴网编号值，后续创建的轴网编号将进行相应地自动排序。当绘制轴线时，可以让轴线头尾相互对齐。

Revit中，轴网在任意平面绘制时，其他平面、立面、剖面视图均可自动显示。和标高绘制方法类似，轴网可以通过直接绘制与使用复制阵列工具绘制两种方式进行创建。可以从类型选择器中选择合适的轴线或者通过编辑类型属性创建轴线类型。

（1）切换至平面视图

单击"项目浏览器"—"楼层平面"，双击任意平面视图，如"F1"，即可进入F1平面视图进行轴网的绘制，如图4-11所示。

图4-11　切换至平面视图

（2）绘制轴网

在楼层平面视图中，点击"建筑"—"基准"—"轴网"，单击"修改 | 放置轴网"上下选项卡，默认激活直线绘制工具。

方法一：利用绘制方法创建轴线。

在绘图区域单击鼠标左键，结合Shift键垂直向上移动光标，在适当位置再次单击鼠标左键，绘制第一根水平方向轴线，确定编号为1。用同样的方法绘制第二根水平方向轴线，将光标移至1号轴线一侧，系统自动捕捉，移动鼠标指针出现临时尺寸标注，当出现需要的数据时，点击鼠标左键继续向上移动，绘制完成第二根水平轴线。垂直方向轴线绘制方法与水平方向轴线绘制方法一致，如图4-12所示。

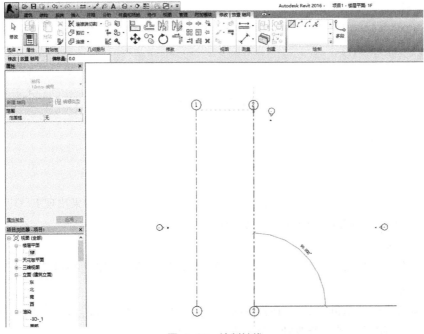

图4-12　绘制轴线

方法二：利用复制方法创建轴线。

单击已经绘制完成的第一根轴线，选择"修改 | 轴网"上下文选项卡，单击"修改"—"复制"按钮，启用"约束"和"多个"复选框，单击需要复制的轴线的任意位置作为基点，向右移动光标，根据提示输入需要的轴网间距，轴线复制完成。"约束"项提供正交功能，"多个"项提供连续复制功能，完成第一根复制轴线后，直接单击鼠标左键平行移动可完成其他方向轴线的复制操作，如图4-13所示。

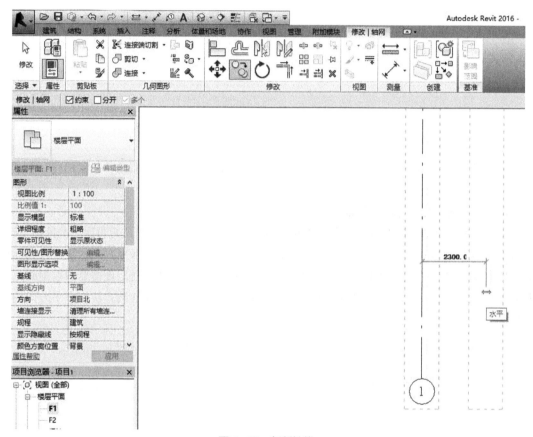

图 4-13　复制轴线

4.1.3.2　轴网的编辑

（1）轴号修改

轴号可通过双击编号，直接输入需要的字母或数字完成编辑。如果出现I、O、Z等编号，则需要手动修改编号，修改方式与修改标高一致，轴网编号不可重复。

（2）轴号显示

只需在轴线一端单击"显示编号"标记，就可显示该侧轴号，如图4-14所示。

（3）轴线显示方式

单击"属性"—"编辑类型"，在弹出的对话框中点击"轴线中段"参数项的参数值，选择"连续"，单击"确定"，就可修改轴线显示方式，如图4-15所示。

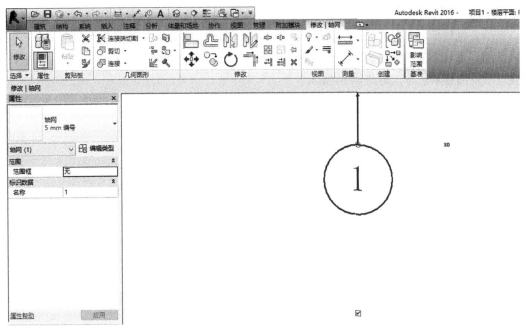

图 4-14　轴号显示

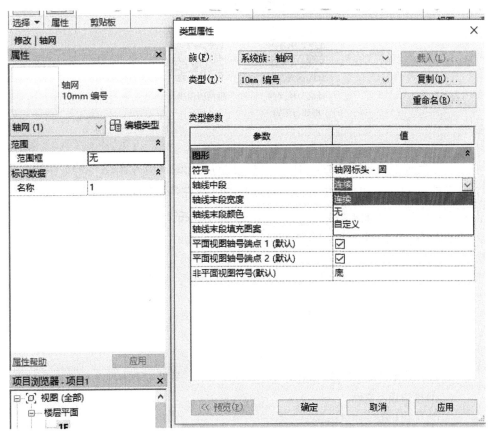

图 4-15　轴线显示方式

（4）添加轴线弯头

当两条轴线距离过近时，需通过添加轴线弯头，其方法与添加标高弯头类似。单击"添加弯头"图标即可改变标高参数和符号显示的位置；拖拽小圆点至标高标头水平位置，可返回至添加弯头前的显示状态，如图4-16所示。

图4-16　添加轴线弯头

标高与轴网的
创建与编辑

轴网的创建与
编辑

拓展小知识

　　标高轴网绘制完成后，单击标高或轴网图元时，周围出现"3D"字样，表示标高或轴网处于3D属性状态，所修改的内容在各视图中协同修改。单击"3D"字样，则标高或轴网会切换到2D属性，所修改的尺寸只相当于修改内容在当前视图中的投影尺寸，不影响其实际尺寸。

思考与
练习

1. 翻阅相关建筑制图资料，回答以下问题。

①建筑标高的作用和表达方式。

②建筑轴网的确定方法和表达方式。

2. 根据附件提供的建筑图纸，运用 Revit 软件，完成以下内容。

①创建项目文件。

②创建和编辑建筑标高。

③创建和编辑建筑轴网。

任务4.2

墙与建筑柱的创建和编辑

建议课时： 4学时。

教学目标： 通过本任务的学习，完成Revit建筑建模方法介绍，使学习者掌握项目墙和建筑柱的创建和编辑的方法。

知识目标： 深化Revit参数化设计相关基础，掌握Revit建筑正向设计方法，深入理解建筑制图相关知识，掌握墙和建筑柱的创建和编辑方法。

能力目标： 全面了解Revit建筑建模界面，能灵活地将建筑设计墙与建筑柱的布局步骤运用于建筑项目建模，具备墙与建筑柱创建与编辑的能力。

思政目标： 培养诚实守信、认真负责的职业精神，吃苦耐劳、求实务真的学习态度，团结协作、善于交流的团队意识。

4.2.1　相关知识

4.2.1.1　墙的概念

墙是建筑模型中一个预定义系统族类型的建筑构件，在建筑模型中，墙构件综合反映墙的功能、组合、厚度等基本信息及其变化形式。

通过"墙"工具栏选择合适的墙类型，可以三维视图或平面视图添加到建筑模型中。可通过拾取线、拾取边或者拾取面等方式来定义墙的范围，放置完成后的墙还可以使用相关命令添加墙饰条、分隔缝，编辑墙轮廓，插入门、窗等。使用"墙"工具还可以在建筑模型创建时定义结构墙或非承重墙。

4.2.1.2　建筑柱

Revit软件提供了建筑柱和结构柱两种柱类型，建筑柱主要起装饰作用，在构件创建完成后，建筑柱自动匹配与其相交的墙构造和墙材质。

4.2.2　墙的创建与编辑

4.2.2.1　墙的类型

　　Revit软件提供了三种基本的墙族，分别为基本墙、叠层墙和幕墙。

　　基本墙可创建构造层次上下一致的常规内墙或者外墙，在建模过程中使用最多；叠层墙用于创建上下层厚度、结构、材质不同的墙体；幕墙为一种附着在建筑结构上且不承担建筑楼板或屋面荷载的外墙，绘制过程中，嵌板可延伸至墙的长度，嵌板可在创建幕墙时自动生成，幕墙中使用网格线定义竖梃的位置。竖梃为分割窗单元的结构图元，可通过选择面墙并单击鼠标右键的方法进行关联菜单的操作。

4.2.2.2　创建墙

　　完成标高、轴网设置后，进入主界面，单击"建筑"－"构建"面板下的"墙"按钮下方的小三角，软件显示基本墙、叠层墙和面墙三种类型的墙族，任意选择一种墙族即可绘制该类型墙体。如图4-17所示。

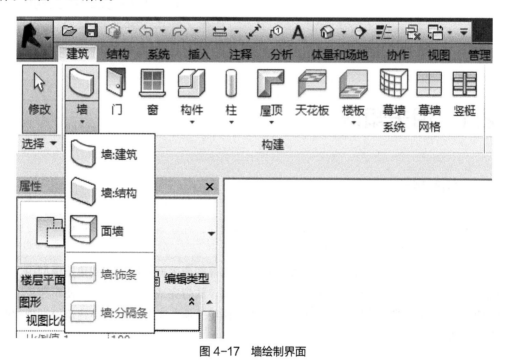

图4-17　墙绘制界面

　　下面以绘制基本墙为例，介绍墙的创建步骤。

　　① 选择系统族类型。选择"基本墙"系统族，选择"砖墙240mm－外墙－带饰面"类型；单击"属性"对话框的"编辑类型"按钮，系统弹出"类型编辑"对话框，如图4-18所示。

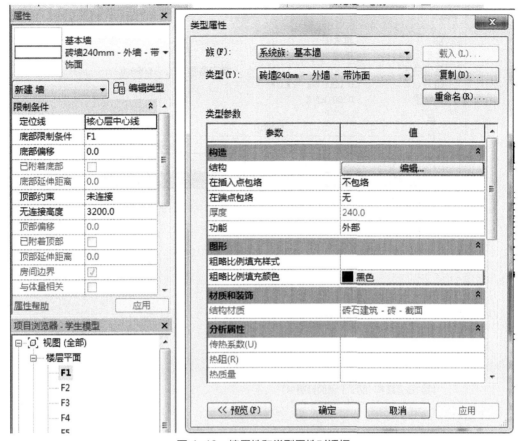

图4-18 墙属性和类型属性对话框

② 重命名墙名称。单击"类型属性"-"复制"按钮,系统将弹出"名称"对话框,可根据项目需要,重命名墙名称,如"内墙-240"等,单击"确定"按钮。

③ 墙体构造做法输入。单击"构造"-"编辑"按钮,系统弹出"编辑部件"对话框,单击"插入"输入新的构造层次,通过"向上"和"向下"按钮调整构造层次位置,点击"材质"列表框下的参数格,可输入构造层次相应的材质,如图4-19所示。

4.2.2.3 墙的绘制和编辑

墙的绘制需要注意以下几个问题。

墙绘制的定位有六种方式,分别为墙中心线、核心层中心线、外部面、层面、内部核心面和外部核心面。其中,核心层指墙体的主体结构层。

通过使用上下文选项卡"修改|放置墙"中的"绘制"面板工具绘制不同形状的墙。绘制时根据创建好的轴网体系,点击"修改|放置墙"上下文选项卡中"绘制"面板的"直线"按钮绘制直线墙体。在选项卡中根据设计需要,可设置"高度"和"定位线",限制高度的方法可输入数字或者层数,定位线根据需要选择"核心层中心线"或其他定位方式。完成设置后,依次选择对应点位绘制墙体,如图4-20所示。

编辑部件

族：	基本墙		
类型：	砖墙240mm - 内墙		
厚度总计：	240.0	样本高度(S)：	6096.0
阻力(R)：	0.0000 (m²·K)/W		
热质量：	0.00 kJ/K		

层

外部边

	功能	材质	厚度	包络	结构材质
1	核心边界	包络上层	0.0		
2	结构 [1]	砖石建筑 - 砖	240.0	☐	☑
3	核心边界	包络下层	0.0		

内部边

插入(I)	删除(D)	向上(U)	向下(O)

默认包络

插入点(N)：	结束点(E)：
不包络	无

修改垂直结构(仅限于剖面预览中)

修改(M)	合并区域(G)	墙饰条(W)
指定层(A)	拆分区域(L)	分隔条(R)

<< 预览(P)	确定	取消	帮助(H)

图 4-19　墙构造编辑

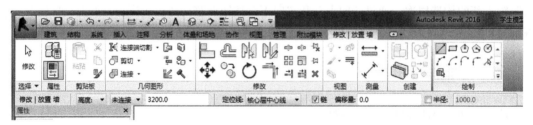

图 4-20　墙绘制面板

　　绘制墙体时，墙体有内外侧的区分，通常按从左到右、从上到下顺时针方向绘制，后期如需调整，点击绘制完成的墙，单击墙一侧出现的头尾对调双箭头，可调节墙体的内外方向。

4.2.2.4　幕墙的创建和编辑

　　Revit 中幕墙有幕墙、外部玻璃、店面三种类型，"建筑"-"构建"面板中提供了"幕墙系统""幕墙网格"和"竖梃"等工具，如图4-21所示。

图4-21　幕墙构建面板

（1）幕墙的创建

单击"墙"按钮，在"属性"面板中点击"类型选择器"，选择"幕墙 / 外部玻璃"选项，软件激活"绘制"面板的"直线"工具，绘制任意直线，切换至"矩形"和"圆心 / 端点弧"工具，可手动绘制相应的矩形和弧形。

（2）幕墙的编辑

幕墙可以在绘制前设置，也可在绘制后进行。单击"属性"中的"编辑类型"按钮，在"类型属性"对话框中点击"复制"，将幕墙修改成需要的名称；构造参数中"功能"设为"外部"，勾选参数"自动嵌入"，设置"幕墙嵌板"为"玻璃"，设置"垂直网格"和"水平网格"参数"布局"为"固定距离"；设定"垂直竖梃"和"水平竖梃"的"内部参数"及"边界类型"，完成后单击"确定"按钮完成幕墙编辑，如图4-22所示。

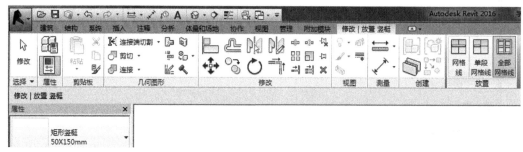

图4-22　网格线设置窗口

4.2.3　建筑柱的创建和编辑

在"常用"选项卡的"构建"面板中，使用"建筑柱"工具，系统切换至"修改 | 放置柱"上下文选项卡，在"图元"面板中选择需要绘制的建筑柱系统族类型，也可根据设计需要在编辑窗口中编辑需要的尺寸，在选项栏中设置"高度"为需要的数值；使用"修改"面板中的"对齐"工具，勾选选项栏中的"多重对齐"选项，设置对齐位置，可精确对齐建筑柱与墙，墙与建筑柱的材质将自动匹配。如图4-23。

图4-23　建筑柱的创建

墙体与建筑柱的
创建与编辑

① 墙体绘制完成后，可通过上下文选项卡的"修改"面板进行对齐或执行其他命令。

② 在墙体绘制过程中，勾选"链"选项，上一面墙的结束位置将作为第二面墙的起点。

③ "修改"面板中有多种修改命令，可根据设计需要，灵活运用。

**思考与
练习**

1. 翻阅相关建筑资料回答以下问题。

① 不同功能的墙类型和规格主要有哪些？

② 墙和建筑柱的创建方法和表达方式。

2. 根据附件提供的建筑图纸，运用 Revit 软件，完成以下内容。

① 创建和编辑墙。

② 创建和编辑建筑柱。

任务4.3

门窗的创建和编辑

建议课时： 4学时。

教学目标： 通过本任务的学习，完成Revit建筑建模方法介绍，使学习者掌握项目门窗的创建和编辑方法。

知识目标： 深化Revit参数化设计相关基础，掌握Revit建筑正向设计方法，深入理解建筑制图相关知识，掌握门窗的创建和编辑方法。

能力目标： 全面了解Revit建筑建模界面，能灵活地将建筑设计门窗的布局步骤运用于建筑项目建模，具备门窗创建与编辑的能力。

思政目标： 培养诚实守信、认真负责的职业精神，吃苦耐劳、求实务真的学习态度，团结协作、善于交流的团队意识。

4.3.1　相关知识

门和窗都是基于主体的构件，可以添加到任意类型的墙内。Revit可以在平面、剖面、立面视图及三维视图等任意视图中添加门窗构件，其插入方法相似，天窗可以添加至内建屋顶。

4.3.2　门的创建与编辑

4.3.2.1　创建门

打开一个平面视图，单击"建筑"-"构建"面板中的"门"按钮，在"类型选择器"中选择需要的门类型，如果选项中无所需的门类型，可单击"修改 | 放置门"上下文选项卡，单击"模式"面板中"载入族"载入门族，软件将在"属性"选项板中自动显示该族类型，完成门的创建，如图4-24所示。

4.3.2.2　门的编辑

完成门族的载入之后，将在"属性"选项板中自动显示族类型，单击"编辑类型"，打开"类型属性"对话框,复制并重命名门,在"功能"面板中编辑门的类型和相关参数,完成门的编辑。

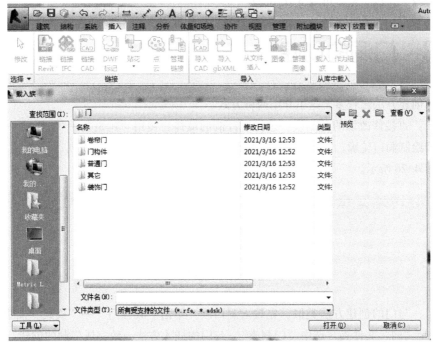

图4-24　载入门族

如果希望在放置门的时候自动对门进行标记,单击"修改 | 放置门"上下文选项卡的"标记"面板中的"在放置时进行标记"即可,如图4-25所示。

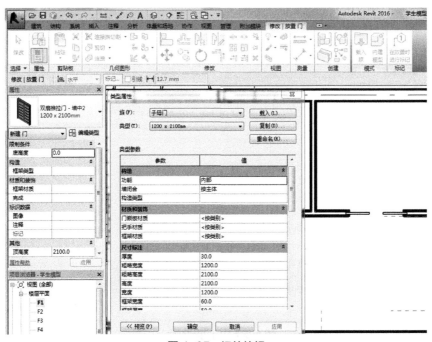

图4-25　门的编辑

将光标移动至墙体适当位置，放置门扇，然后按两次 Esc 键退出，切换至默认三维视图，可查看门的效果，按空格键可改变开门方向。

4.3.3　门洞的创建

门洞的创建方法比较多，这里介绍两种方式。

方法一：直接修改墙的范围线。选择要开洞的墙体，使用"建筑"—"洞口"—"墙"命令，点击墙绘制洞口轮廓，完成后点击"确认"，完成洞口创建，可用于创建异形洞口或不规则洞口，如图 4-26 所示。

图 4-26　门洞创建

方法二：与门的创建方法类似，先载入洞口族，单击"放置门"—"模式"面板—"载入族"，定位至"门"文件夹，选中"门洞族"，与门的插入方法一致完成门洞的创建，如图 4-27 所示。

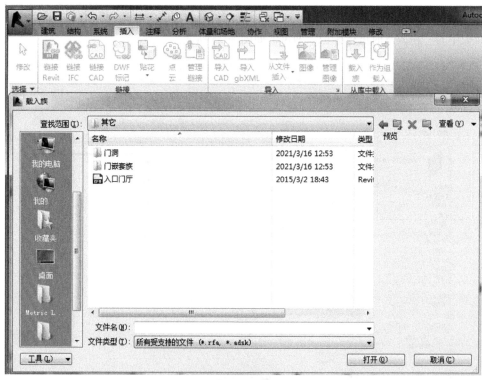

图 4-27　门洞族的载入

4.3.4　窗的创建与编辑

（1）窗的创建

打开一个平面视图，单击"建筑"—"构建"面板中的"窗"按钮，在"类型选择器"中选择需要的窗类型，如果选项中无所需要的窗类型，可单击"修改｜放置窗"上下文选项卡，单击"模式"面板中"载入族"载入窗族，软件将在"属性"选项板中自动显示该族类型，完成窗的创建，如图4-28所示。

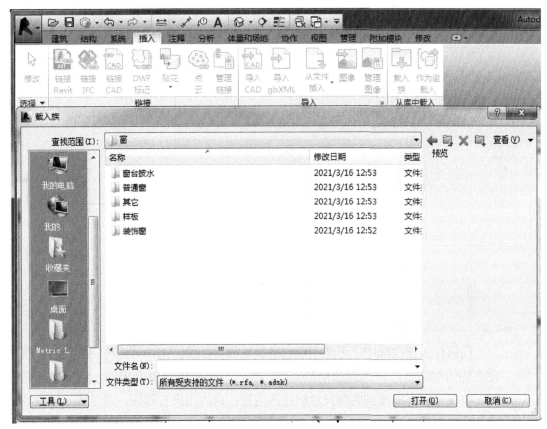

图 4-28　载入窗族

（2）窗的编辑

完成窗族的载入之后，将在"属性"选项板中自动显示族类型，单击"编辑类型"，打开"类型属性"对话框，复制并重命名窗的名称，在"功能"面板中编辑窗的类型和相关参数，完成窗的编辑。如果希望在放置窗的时候自动对窗进行标记，单击"修改｜放置窗"上下文选项卡的"标记"面板中的"在放置时进行标记"即可，如图4-29所示。

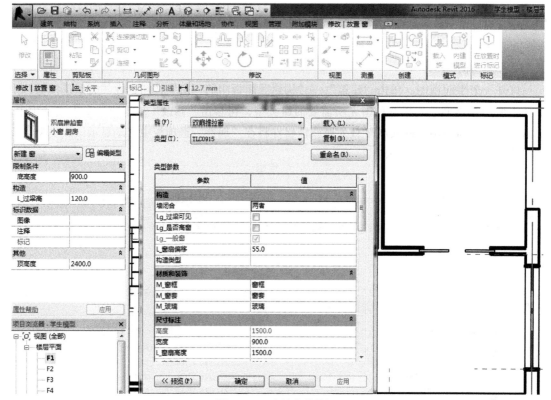

图 4-29   窗的参数编辑

门窗的创建与编辑

拓展小知识

　　门窗在放置过程中，可能不容易准确地放置在底图上，可先将门窗就近放置在底图的墙边上，然后点击刚放入的门窗，其尺寸界线就会出现，点击鼠标左键，将尺寸界线拖拽到底图尺寸相应的位置，再点击尺寸界线，通过修改尺寸数值调整门窗尺寸。

 思考与练习

1. 翻阅相关建筑资料回答以下问题。

①不同功能的门窗类型和规格主要有哪些？

②门窗创建方法和表达方式。

2. 根据附件提供的建筑图纸，运用 Revit 软件，完成以下内容。

①创建门窗。

②创建门洞。

任务4.4

楼板与洞口的创建和编辑

建议课时： 4学时。

教学目标： 通过本任务的学习，完成Revit建筑建模方法介绍，使学习者掌握项目楼板与洞口的创建和编辑的方法。

知识目标： 深化Revit参数化设计相关基础，掌握Revit建筑正向设计方法，深入理解建筑制图相关知识，掌握楼板与洞口的创建和编辑方法。

能力目标： 全面了解Revit建筑建模界面，能灵活地将建筑设计楼板与洞口的创建步骤运用于建筑项目建模，具备门窗创建与编辑的能力。

思政目标： 培养诚实守信、认真负责的职业精神，吃苦耐劳、求实务真的学习态度，团结协作、善于交流的团队意识。

4.4.1　相关知识

楼板是一种分隔承重构件，楼板与地坪属于建筑物的水平受力构件，应具有保温隔热、防潮防水、隔声防火等功能，通常将楼板层与底层地面统称为楼地面。

4.4.2　楼板的创建与编辑

楼板的构造层次一般包括顶棚、结构层和面层。Revit中，提供了两种楼板创建工具，即"楼板"工具和"天花板"工具。其中，"楼板"工具主要用于创建普通建筑的楼层，"天花板"工具是在既有楼板上创建复合顶棚。

楼板的创建可通过"拾取线""拾取墙"或使用绘制工具实现，"拾取墙"方式创建的楼板在楼板与墙体之间自动保持关联，墙体位置改变时楼板会自动更新。

4.4.2.1　楼板的创建

在"创建"面板中单击"楼板"按钮，软件默认选择"楼板 | 建筑"选项，并自动打开"修

改｜创建楼板边界"上下文选项卡，在"属性"选项板的"类型选择器"中选择设计所需的选项如"混凝土120mm"，单击"编辑类型"按钮，自动打开"类型属性"对话框，通过"复制"命令复制类型并根据需要重命名。

单击"结构"参数对话框右侧"编辑"按钮，软件自动打开"编辑部件"对话框，单击"插入"按钮可插入新的构造层次，并可根据需要向上或向下调整构造层次位置、设定构造层次类型，并赋予构造材质，如图4-30所示。

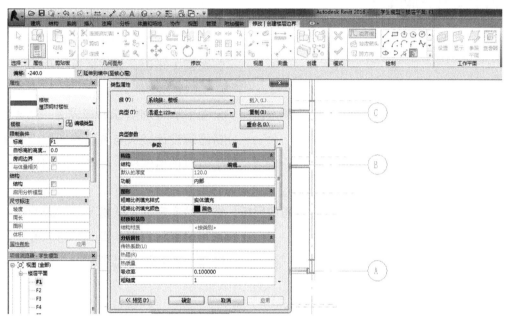

图4-30　楼板的创建

4.4.2.2　楼板的绘制

完成楼板参数设置后，单击"确定"按钮，软件自动进入楼板轮廓线界面，单击"绘制"面板中的"拾取墙"按钮，根据设计需要设定"偏移量"，启用"延伸到墙中（至核心层）"，在"属性"选项板中设置"自标高的高度偏移值"等限制命令和选项，建立楼板轮廓线。当不沿墙体绘制时，用户可通过"拾取线"工具或者"绘制"面板的其他工具绘制楼板轮廓。轮廓线绘制完成后，单击"修改｜创建楼层边界"上下文选项卡的"模式"面板中的"是"按钮，完成楼板绘制，如图4-31所示。

4.4.2.3　楼板的复制

单击已绘制的楼板图元，自动激活"修改｜楼板"上下文选项卡，在"剪贴板"面板中单击"复制到剪贴板"，单击"粘贴"选项中的"与选定标高对齐"按钮，选择目标标高名称，楼板即可复制到指定楼层，选择复制楼板可在选项栏上点"编辑"，完成绘制，出现提示从"墙中剪切与楼板重叠的部分"对话框，根据设计选择"是"或者"否"，如图4-32所示。

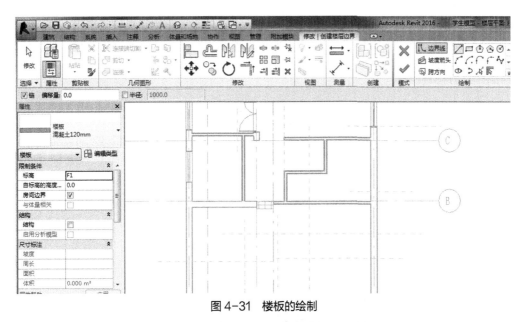

图 4-31　楼板的绘制

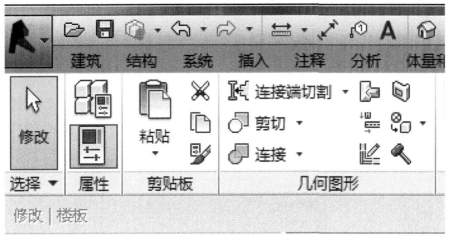

图 4-32　复制楼板的复制

4.4.2.4　使用楼板工具创建特殊构件

（1）创建阳台、雨篷与卫生间楼板

阳台和雨篷使用"楼板"工具绘制完成后，单击"楼板属性"工具，在弹出的"属性"对话框中"限制条件"-"自标高的高度偏移值"一栏中，根据设计需要修改偏移值即可，如图 4-33 所示。

创建卫生间时，需要将卫生间楼板与室内其他区域楼板按不同图元分开绘制，其标高的修改方法与阳台、雨篷标高的修改方法一致。

（2）楼板点编辑、楼板找坡层的设置

选择楼板图元，单击自动弹出的"修改 | 楼板"上下文选项卡，单击"修改子图元"工具，

楼板进入点编辑状态，单击"添加点"工具，在楼板需要添加的控制点位置单击，楼板会增加一个控制点，单击"修改子图元"按钮，再次单击需要修改的点，可通过修改显示的数值来创建偏移楼板的相对标高距离。

图4-33　楼板参数设置

　　"形状编辑"面板中的"添加分割线"工具可将楼板分块，实现更加灵活的调节；"拾取支座"工具可用于定义分割线；"重设形状"工具可使图形恢复至原来的形状。

　　创建楼板找坡层或做内排水时，选择楼板，单击"图元属性"下拉按钮，选择"属性类型"，单击"结构"—"编辑"，在"编辑部件"对话框中勾选"保温层/空气层"后的"可变"选项，可在进行楼板点编辑时限定只变化楼板面层而不变化结构层。

4.4.3　洞口的创建与编辑

（1）面洞口

单击"建筑"—"洞口"面板，单击"按面"拾取屋顶、楼板或天花板的某一个面并垂直于该面进行剪切，按设计要求绘制洞口形状，完成面洞口创建。

（2）垂直洞口

单击"建筑"—"洞口"—"垂直"命令，拾取屋顶、楼板或天花板的某一个面并垂直于该面进行剪切，按设计要求绘制洞口形状，完成垂直洞口创建。

（3）墙洞口

单击"建筑"—"洞口"—"墙"命令，选择墙体，绘制洞口形状，完成墙洞口的创建。

（4）竖井洞口

单击"建筑"—"洞口"—"竖井"命令，选择建筑的整个高度或选定的标高剪切洞口，用于同时剪切屋顶、楼板或天花板的面，如图4-34所示。

图4-34　"洞口"面板

楼板与洞口的创建
与编辑

> 老虎窗洞口的绘制：在坡面屋顶上创建老虎窗所需的三面墙体，设置墙体偏移值，创建老虎窗上的双坡屋顶，将墙体与老虎窗屋顶进行附着。单击"修改"-"几何图形"-"连接/取消连接屋顶"按钮，点击双坡屋顶端点处需要连接的一条边，在坡屋面上选择要连接的面，将老虎窗与主屋顶进行"连接屋顶"处理，单击"老虎窗洞口"按钮，拾取屋面，进入"拾取边界"模式，选择老虎窗屋顶的面、墙体的内侧面等有效边界，修剪边界线条，完成洞口剪切，最后将墙体与主屋顶进行底部附着，完成老虎窗洞口的绘制。

拓展小知识

思考与练习

1. 翻阅相关建筑资料回答以下问题。

① 不同功能的楼板类型和规格主要有哪些？

② 楼板和洞口的创建与编辑方法有哪些？

2. 根据附件提供的建筑图纸，运用 Revit 软件，完成以下内容。

① 创建楼板。

② 创建不同类型的洞口。

任务4.5

屋顶的创建和编辑

建议课时: 3学时。

教学目标: 通过本任务的学习,完成Revit建筑建模方法介绍,使学习者掌握项目屋顶的创建和编辑方法。

知识目标: 深化Revit参数化设计相关基础,掌握Revit建筑正向设计方法,深入理解建筑制图相关知识,掌握屋顶的创建和编辑方法。

能力目标: 全面了解Revit建筑建模界面,能灵活地将建筑设计屋顶创建的步骤运用于建筑项目建模,具备屋顶编辑的能力。

思政目标: 培养诚实守信、认真负责的职业精神,吃苦耐劳、求实务真的学习态度,团结协作、善于交流的团队意识。

4.5.1　相关知识

屋顶为建筑物或构筑物外部的顶盖,包括屋面及墙体或其他支撑物以上用以支撑屋面的必要材料和构造,是建筑的重要组成部分。Revit 提供了迹线屋顶、拉伸屋顶、面屋顶、玻璃斜窗屋顶等创建工具。

4.5.2　屋顶的创建与编辑

4.5.2.1　迹线屋顶的创建

（1）平屋顶的创建与编辑

单击"建筑"—"构建"面板中的"迹线屋顶"按钮,选择"默认系统族",单击"编辑类型"按钮,单击"类型属性"—"复制"按钮,根据设计需要重命名屋顶类型,单击"确定",单击"结构"—"编辑",打开"编辑部件"对话框,设置结构层相关参数,不勾选"定义坡度"复选框,在"悬挑"文本框中出入"0",勾选"延伸到墙中（至核心层）"复选框,用 Tab 键切换选择,选中外墙轮廓，单击生成楼板边界，单击"完成编辑模式"按钮，完成平屋顶绘制，见图4-35。

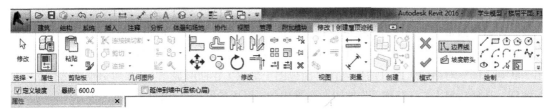

图4-35　平屋顶的绘制

（2）坡屋顶的创建与编辑

与平屋顶创建方法一致，在完成屋顶构造参数设置后，勾选"定义坡度"复选框，在"悬挑"中输入悬挑的设计尺寸，不勾选"延伸到墙中（至核心层）"复选框，选中边界线，在其属性栏中输入设计需要的坡度，完成屋顶绘制。在"绘制"面板上单击"坡度箭头"也可创建坡屋顶，如图4-36所示。

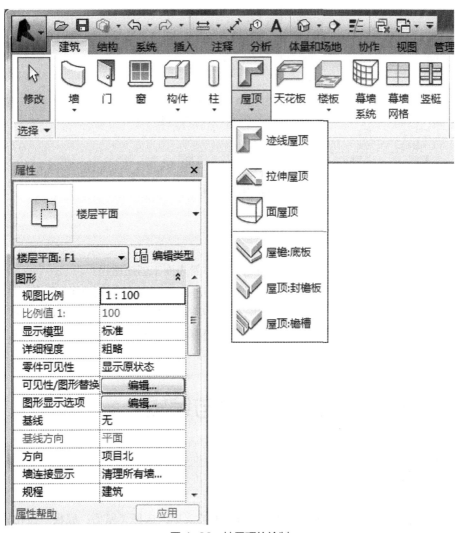

图4-36　坡屋顶的绘制

4.5.2.2　拉伸屋顶的创建

拉伸屋顶通常用于创建有弧度的屋顶，单击"建筑"–"构建"面板下的"拉伸屋顶"按钮，在弹出的"工作平面"中选择"拾取一个平面"方式，单击"确定"，光标呈十字光标形式，弹出"转到视图"对话框（此对话框只在平面视图中拾取工作面时显示），在对话框中选择某一立面视图，选择后单击"打开视图"按钮，在弹出的"屋顶参照标高和偏移"对话框中，在"标高"下拉列中创建设计需要的标高和偏移值。如图4-37所示。

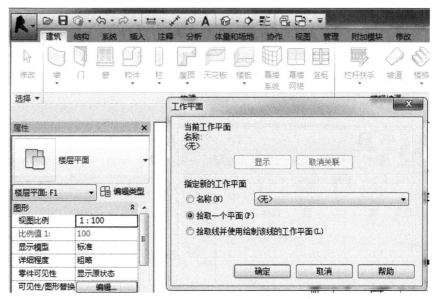

图4-37　拉伸屋顶

4.5.2.3　面屋顶的创建

面屋顶主要用于创建异形屋面，需要通过拾取体量表面来创建屋顶。

单击"建筑"—"构建"面板下的"面屋顶"按钮，打开"修改 | 放置面屋顶"上下文选项卡，拾取体量图元或常规模型族的面，生成屋顶。选择需要放置的体量表面，单击"图元"—"图元属性"按钮，可设置屋顶的相应属性，在"类型选择器"中设置屋顶类型，单击"创建屋顶"按钮，完成屋顶的创建。

4.5.3　屋顶构配件的创建与编辑

4.5.3.1　屋檐底板的创建

单击"建筑"—"构建"面板中的"屋顶"下拉菜单，选择"屋檐：底板"按钮，进入绘制轮廓草图绘制模式，单击"拾取屋顶"按钮选择屋顶，单击"拾取墙"按钮选择墙体，生成轮廓线，使用"修剪"按钮修剪轮廓线使其封闭，完成绘制。

在三维视图和立面视图中选择屋檐底板，可修改参数标高和偏移值，设置屋檐底板与屋顶的相对位置，单击"修改"—"几何图形"面板的"连接几何图形"按钮，完成屋檐底板和屋顶的连接，如图4-38所示。

图4-38　屋檐底板创建

4.5.3.2　封檐带的创建

单击"建筑"—"构建"面板的"屋顶"下拉菜单，选择"屋顶：封檐带"按钮，进入拾取轮廓线草图编辑模式，单击拾取屋顶的边缘线，自动生成默认轮廓样式的封檐带，完成绘制。通过修改"属性"—"垂直/水平轮廓偏移"及"角度"可调节封檐带和屋顶的相对位置，单击"编辑类型"弹出的"属性类型"对话框，实现对封檐带的轮廓样式和材质的设置，如图4-39所示。

图4-39　封檐带的创建

4.5.3.3　檐沟的创建

单击"建筑"—"构建"面板的"屋顶"下拉菜单，选择"屋檐：底板"按钮，单击"拾取屋顶"按钮选择屋顶，单击"拾取墙"选择墙体，自动生成轮廓线，使用"修剪"按钮修剪生成的轮廓线并完成轮廓封闭，在三维视图或立面视图中选择屋檐底板，修改属性参数标高和偏移值，单击"修改"—"几何图形"面板的"连接几何图形"按钮，连接屋檐底板和屋顶。

平屋顶　　　　斜屋顶　　　　架子

屋顶的创建与编辑

思考与练习

?

1. 翻阅相关建筑资料回答以下问题。

① 屋顶创建的方法主要有哪些？

② 屋面构配件的创建与编辑方法有哪些？

2. 根据附件提供的建筑图纸，运用 Revit 软件，完成以下内容。

① 创建屋面。

② 创建屋面构配件。

任务4.6

楼梯、坡道、栏杆扶手的创建和编辑

建议课时： 6学时。

教学目标： 通过本任务的学习，完成Revit建筑建模方法介绍，使学习者掌握项目楼梯、坡道、栏杆扶手的创建和编辑方法。

知识目标： 深化Revit参数化设计相关基础，掌握Revit建筑正向设计方法，深入理解建筑制图相关知识，掌握楼梯、坡道、栏杆扶手的创建和编辑方法。

能力目标： 全面了解Revit建筑建模界面，能灵活地将建筑设计屋顶创建的步骤运用于建筑项目建模，具备楼梯、坡道、栏杆扶手编辑的能力。

思政目标： 培养诚实守信、认真负责的职业精神，吃苦耐劳、求实务真的学习态度，团结协作、善于交流的团队意识。

4.6.1　相关知识

Revit中楼梯与扶手均为系统族。楼梯包括梯段和平台两个部分，绘制楼梯可"按构件"方式绘制，也可"按草图"方式绘制完成。

栏杆扶手可以直接在绘制楼梯或者坡道等主体时一起创建，也可以直接在平面视图中通过绘制路径的方式创建。

4.6.2　楼梯的创建与编辑

4.6.2.1　草图方式创建楼梯

（1）草图方式创建楼梯时参数的设置

草图方式创建楼梯时，通过编辑"梯段"—"边界"—"梯面"的线条来完成创建。在编辑状态下，通过修改绿色边界线和黑色梯面线来完成编辑。

　　单击"建筑"—"楼梯坡道"面板的"楼梯"工具，选择"楼梯（按草图）"按钮，在属性选项板中选择楼梯类型，如"整体浇筑楼梯"，单击"编辑类型"按钮，在弹出的"类型属性"对话框中单击"复制"，将当前楼梯族复制并根据设计需要重命名，单击"确定"按钮，修改其相应的参数，如踏步深度、踏面高度、材质等，完成后单击"确定"按钮，关闭"类型属性"对话框，如图4-40、图4-41所示。

图4-40　楼梯编辑界面

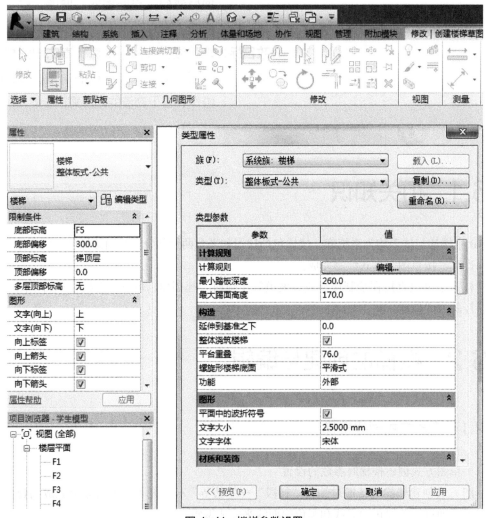

图4-41　楼梯参数设置

（2）楼梯的编辑

方法一：单击"修改 | 创建楼梯草图"上下文选项卡的梯段绘制工具，在视图适当位置单击左键以确定梯段起点，拖动鼠标，在出现踏步相关数量时单击鼠标左键，完成一个梯段创建。再利用上述方法在水平方向确定另一个梯段的起点和终点，创建完成"L"型楼梯。如创建双跑楼梯，则通过直接方式在垂直方向确定梯段完成绘制。完成后单击"修改 | 创建楼梯草图"—"模式"中"✓"按钮，完成楼梯创建。

方法二：单击"修改 | 创建楼梯草图"上下文选项卡中"梯段"工具，在视图中绘制两条直线作为楼梯边界，单击"修改 | 创建楼梯草图"上下文选项卡中"梯面"工具，在边界中添加梯面线，完成后单击"修改 | 创建楼梯草图"—"模式"中"✓"按钮，完成楼梯创建。

4.6.2.2　构件方式创建楼梯

"楼梯（按构件）"方式是通过编辑"梯段""平台"和"支座"来创建楼梯，该方式预设了几种楼梯样式。

在"属性选项板"中选择楼梯样式，单击"修改 | 创建楼梯"上下文选项卡中的楼梯工具，在参数栏中设置左右方向、修改楼梯宽度并勾选自动平台，拖动鼠标创建直楼梯，单击楼梯草图右端端点，向右拖动鼠标，出现"剩余 0 个"提示时单击左键，单击"修改 | 创建楼梯草图"—"模式"中"√"按钮，完成楼梯创建，如图 4-42 所示。

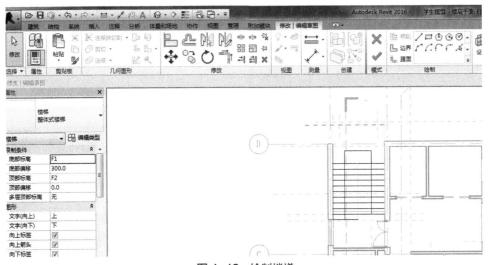

图 4-42　绘制楼梯

4.6.3　坡道的创建与编辑

单击"建筑"—"楼梯坡道"面板的"坡道"按钮，在"属性选项板"中选择坡道类型，单击"编辑类型"按钮，在弹出的"类型属性"对话框中单击"复制"，将当前坡道族复制并重命名，单击"确定"并关闭"名称"对话框，根据设计修改厚度、功能、最大斜坡长度等参数，完成后单击"确定"完成坡道参数的编辑，如图4-43所示。

图4-43　坡道参数设置

坡道参数设置完成后，选择"绘制"—"梯段"按钮，使用"直线"或"原点-端点弧"绘制方式完成直线坡道和环形坡道。将绘图区任一位置作为坡道起点，拖动鼠标到坡道端点后单击确认，完成草图绘制。

4.6.4　栏杆扶手的创建与编辑

栏杆扶手通常由扶手、栏杆、支柱、嵌板等构件组成。Revit中栏杆扶手通常成组出现，可独立创建或指定楼梯、坡道等构件作为栏杆主体组合创建。

4.6.4.1 栏杆扶手的编辑

单击"建筑"—"楼梯坡道"面板的"栏杆扶手"下拉菜单下的"绘制路径"按钮，在"类型属性"中选择栏杆类型，单击"编辑类型"按钮，在"类型属性"对话框中设置栏杆扶手高度、结构、栏杆位置、偏移值等参数。需要注意，设置完上述参数后，在绘制路径前仍需设置实例属性。如图 4-44 所示。

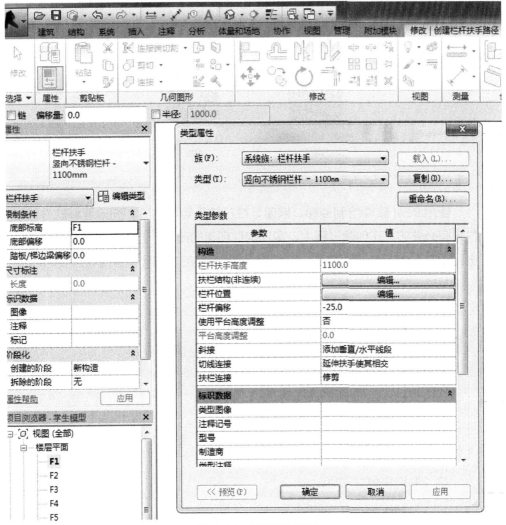

图 4-44 栏杆参数设置

4.6.4.2 栏杆扶手的绘制

（1）绘制路径方式绘制栏杆扶手

单击"建筑"—"楼梯坡道"面板的"栏杆扶手"下拉菜单下的"绘制路径"按钮，切换工作平面至楼层平面视图，使用"修改 l 创建栏杆扶手路径"—"绘制"面板的绘制工具，根据设计需要绘制栏杆扶手路径，在选项卡上单击"拾取新主体"，选择栏杆主体对象，单击"修改 l 创建栏杆扶手路径"的"模式"面板中的"✓"按钮，完成栏杆扶手的创建。

（2）拾取主体方式绘制栏杆扶手

基于拾取主体方式创建栏杆扶手时，需先有楼梯等主体构件。单击"建筑"—"楼梯坡道"—"栏杆扶手"下拉菜单中的"放置在主体上"按钮，在"实例属性"对话框中选择栏杆扶手类型，在"位置"面板中单击选择"踏板"或"梯边梁"，移动光标至绘图区域并将光标放置在主体构件上，主体高亮显示，单击确认后，软件在主体边界位置自动生成相应的栏杆扶手。如需进一步调整栏杆扶手的位置，在"实例属性"面板中点击"修改 l 踏步 / 梯边梁偏移值"即可设置。

楼梯、栏杆的创建
与编辑

坡道的创建与
编辑

 拓展小知识

　　使用 Revit 软件绘制楼梯、坡道、栏杆扶手等构件时，充分理解软件的协同性是有必要的。在创建过程中，实现构件创建的途径、方法、步骤是多样的，在进行正向设计之前，对建模方案的实施进行必要的规划和设计是有必要的。

 思考与练习 **?**

1. 翻阅相关建筑资料回答以下问题。
① 不同楼梯和坡道的主要构成分别有哪些？
② 栏杆扶手的创建与编辑方法有哪些？
2. 根据附件提供的建筑图纸，运用 Revit 软件，完成以下内容。
① 创建楼梯和栏杆扶手。
② 绘制和编辑栏杆扶手。

场地构件与
体量的创建

任务5.1

场地的创建与构件场地的应用

建议课时： 4学时。

教学目标： 通过本任务的学习，完成Revit建筑建模方法介绍，使学习者掌握项目场地的创建和场地构件的应用方法。

知识目标： 深化Revit参数化设计相关基础，掌握Revit建筑正向设计方法，深入理解建筑制图相关知识，掌握场地的创建和场地构件的应用方法。

能力目标： 全面了解Revit建筑建模界面，具备灵活地将场地的创建和场地构件的应用方法用于实践的能力。

思政目标： 诚实守信、认真负责的职业精神，吃苦耐劳、求实务真的学习态度，团结协作、善于交流的团队意识。

5.1.1　相关知识

场地是建筑工程项目群体的所在地，Revit 中的场地即为建筑模型所在地，用于表达建筑与实际地坪之间的关系以及建筑周边的道路情况等。

5.1.2　设置场地

单击"体量与场地"选项卡中的"场地建模"按钮，弹出"场地设置"对话框（图 5-1），根据项目设计需要，设置等高线间隔值、经过高程、自定义的等高线、剖面填充样式、基础土层高程、角度显示等项目场地信息参数，如图 5-2 所示。

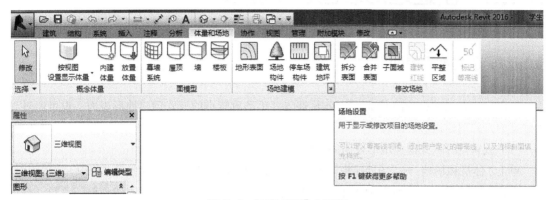

图 5-1 "场地设置"对话框

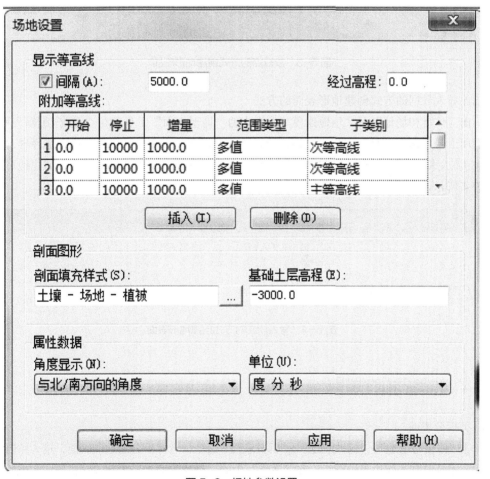

图 5-2 场地参数设置

5.1.3　创建地形表面、子面域

5.1.3.1　创建地形表面

地形表面是场地设计的基础，Revit软件支持手动放置点的方式创建地形表面，也可通过导入数据的方式创建地形表面。

（1）放置点的方式创建地形表面的方法

单击"体量和场地"—"场地建模"面板的"地形表面"工具，自动切换至"修改|编辑表面"上下文选项卡，单击"工具"面板中的"放置点"命令，设置选项栏中的"高程"参数，在视图中单击鼠标放置点，连续生成等高线，如图5-3所示。

图5-3　放置点的方式创建地形表面

（2）导入数据的方式创建地形表面的方法

单击"体量和场地"—"场地建模"面板中的"地形表面"工具，在"修改|编辑表面"上下文选项卡中单击"工具"面板中"通过导入创建"命令，在下拉菜单中选择"选择导入实例"或"指定点文件"命令，导入外部DWG格式地形图或TXT格式文本文件，可直接创建地形文件，如图5-4所示。

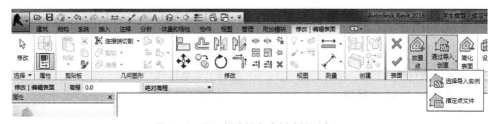

图5-4　导入创建的方式创建地形表面

5.1.3.2　地形表面的编辑

（1）拆分表面

单击"体量与场地"—"修改场地"—"拆分表面"命令，选择拆分的地形表面，进入绘制模式，用"线"工具绘制表面边界轮廓线，在"属性"中的"材质"面板设置新表面材质，完成绘制。

（2）合并表面

单击"体量和场地"—"修改场地"—"合并表面"命令，勾选"选项栏"的"删除公共边上的点"选择要合并的主表面，再次选择次表面，两个表面合二为一。如图 5-5 所示。

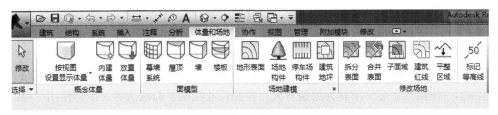

图 5-5　"体量和场地"选项卡

（3）建筑红线

方法一：用"线"工具绘制。

单击"体量与场地"—"修改场地"—"建筑红线"命令，选择"通过绘制来创建"进入绘制模式，用"线"工具绘制封闭的建筑红线轮廓。

方法二：通过添加外部数据方式绘制。

单击"体量与场地"—"修改场地"—"建筑红线"命令，选择"通过距离和方向角来创建"创建建筑红线，单击"插入"添加测量数据，设置直线、弧形边界距离、方向、半径等参数，调整顺序，点击"添加线以封闭"按钮封闭未闭合的边界，选择红线至所需的位置，完成绘制，如图 5-6 所示。

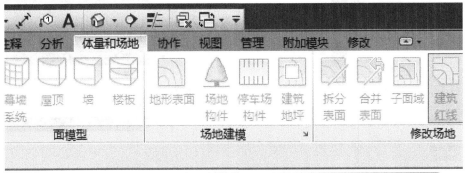

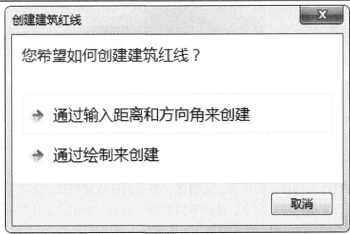

图 5-6　红线编辑入口

5.1.3.3　创建场地道路

地形表面创建完成后，可以在此基础上建立场地道路。建立场地道路通常使用子面域工具，创建方法如下。

单击"体量和场地"—"修改场地"—"子面域"工具，进入"修改 | 创建子面域边界"上下文选项卡，使用"矩形"工具为绘制方式，按照尺寸绘制子面域边界，配合使用"修改"面板中的"拆分"和"修剪"工具，使子面域边界首尾相连，单击"模式"面板中的"完成编辑模式"按钮。选择创建完成的子面域，单击"属性"—"材质"，选项右侧的"浏览"按钮，设置为需要的材质，如"沥青"，单击"确定"，完成道路创建，如图5-7所示。

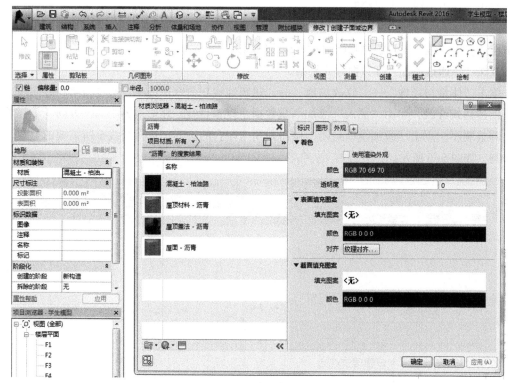

图 5-7　场地道路的创建

5.1.4　场地构件的放置

进入"场地"平面视图，单击"体量与场地"—"场地建模"—"场地构件"命令，从下拉列表中选择所需构件，如树木、人物等，单击鼠标放置构件。单击"体量与场地"—"场地建模"—"停车场构件"命令，选择不同类型停车场，单击"主体"—"设置主体"命令，选择地形表面，停车场将附着在表面上，单击鼠标放置构件，完成停车场构件放置。

构件放置时，可利用复制、阵列等命令完成多个构件放置。如列表中没有需要的构件，可使用"插入"—"从族库中载入"命令，从族库中导入，如图 5-8 所示。

图 5-8　场地构件的放置

场地与场地构件的
创建与编辑

编辑地形表面时，合并后的表面材质同先前选择的主表面相同。建筑红线也可利用"明细表 / 数量"命令创建。

思考与练习

1. 翻阅相关建筑资料回答以下问题。

① 地形表面的编辑方法通常有哪些？

② 子面域命令的使用有哪些方法？

2. 根据附件提供的建筑图纸，运用 Revit 软件，完成以下内容；

① 创建地形表面、子面域。

② 创建场地构件。

任务5.2

建筑地坪的创建与建筑构件的应用

建议课时： 4学时。

教学目标： 通过本任务的学习，完成Revit建筑建模方法介绍，使学习者掌握项目建筑地坪的创建和建筑构件的应用方法。

知识目标： 深化Revit参数化设计相关基础，掌握Revit建筑正向设计方法，深入理解建筑制图相关知识，掌握建筑地坪的创建和建筑构件的应用方法。

能力目标： 全面了解Revit建筑建模界面，具备在建筑设计中创建建筑地坪和应用建筑构件的能力。

思政目标： 诚实守信、认真负责的职业精神，吃苦耐劳、求实务真的学习态度，团结协作、善于交流的团队意识。

5.2.1　相关知识

地坪是建筑底层房间与地基土层相连的构件。创建好的地形表面，可以按照项目需要添加建筑地坪。

5.2.2　建筑地坪的创建

5.2.2.1　建筑地坪参数的编辑

切换至首层平面视图，单击"体量和场地"—"场地建模"面板的"建筑地坪"工具，切换至"修改 I 创建建筑地坪边界"上下文选项卡，进入"创建建筑地坪边界"编辑状态，单击"属性"选项板中的"编辑类型"按钮，打开"类型属性"对话框，复制并重命名系统族，单击"结构"参数右侧的"编辑"命令，在打开的"编辑部件"对话框中根据构造做法，设置构件"结构""材质""厚度"等参数，如图5-9所示。

图 5-9 建筑地坪的参数设置

5.2.2.2 建筑地坪的创建

设置好建筑地坪的参数之后，选择"拾取墙"绘制工具，根据项目设计需要，如设置选项栏中"偏移"为"0"、启用"延伸到墙中（至核心层）"选项，设置"属性"—"自标高的高度偏移值"为"-150"，捕捉墙体侧位置单击，生成边界线，配合使用"修改"面板中"修剪/延伸为角"工具，将生成的边界进行封闭，生成闭合的边界线，单击"模式"—"完成编辑模式"按钮，完成建筑地坪边界线的创建。如图5-10所示。

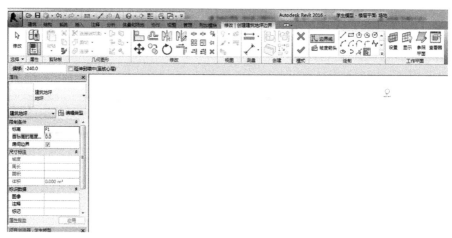

图 5-10　建筑地坪的创建

5.2.3　建筑构件的应用

进入"场地"平面视图，单击"体量与场地"—"场地建模"—"场地构件"命令，或在"建筑"选项卡中单击"构件"，选择构件工具，单击鼠标放置构件，完成建筑构件放置。建筑构件放置时，和场地构件相同，也可利用复制、阵列等命令完成多个构件放置。如列表中没有需要的构件时，可使用"插入"—"从族库中载入"命令从族库中导入。如图 5-11 所示。

图 5-11　放置建筑构件

任务5.3

体量的创建

建议课时: 2学时。

教学目标: 通过本任务的学习, 完成Revit建筑建模方法介绍, 使学习者掌握体量的基本知识和体量的创建方法。

知识目标: 深化Revit参数化设计相关基础, 掌握Revit建筑正向设计方法, 深入理解建筑制图相关知识, 掌握体量的创建方法。

能力目标: 全面了解Revit建筑建模界面, 具有灵活应用体量创建建筑模型的能力。

思政目标: 诚实守信、认真负责的职业精神, 吃苦耐劳、求实务真的学习态度, 团结协作、善于交流的团队意识。

5.3.1　相关知识

在项目概念设计和方案设计阶段, 使用体量建模可解决异形建筑设计和平、立、剖面图纸自动关联的难题, 体量是在建筑建模初始阶段进行概念设计的优秀工具。相比族, 体量可视为一种特殊的族, 其增强了建立大型曲面模型的能力, 并且支持计算总面积和总体积。

5.3.2　体量的基本术语

① 体量: 使用体量实例观察、研究和解析建筑形式的过程。

② 体量族: 形状的族, 属于体量类别, 通过新建族文件单独保存, 可载入不同项目中作为具体图元。

③ 内建体量: 通过项目内部功能区"体量和场地"选项中的"内建体量"创建且随当前项目一起保存的体量, 不能单独存在。

④ 体量实例: 载入的体量族的实例或内建体量

⑤ 体量面: 体量实例的表面, 可以是平面、曲面, 用于创建建筑图元中的墙、屋顶和幕墙等。

⑥ 体量楼层: 在已定义的标高处穿过体量的水平切面, 并且提供了有关切面上方体量直至下一个切面或体量顶部之间的几何图形信息。

⑦ 基于族的体量: 通过新建族文件, 选择"公制体量.rft"样板文件, 在族编辑器中创建的

体量，可单独保存和载入到项目。

⑧ 建筑图元：可以从体量面创建的墙、屋顶、楼板和幕墙系统。

⑨ 通用尺寸参数：楼层面积、体积、总表面积、总楼层面积。内建体量或者载入体量族，点选整体或者某面层，可以在属性选项板查看到相关数据。体积、总表面积和总楼层面积可以录入到体量明细表中。

⑩ 概念设计环境：一类特殊类型的族编辑器，不同于常规族编辑器，可以使用内建和载入体量族图元来创建概念设计。

5.3.3　体量的创建

体量有内建体量和外建概念体量两种类型。

（1）外建概念体量文件

点击 Revit 程序主页面上的"族"—"新建概念体量"，进入体量族创建界面，也可以点击左上角的"R"（或"文件"）应用程序菜单，点击"新建"—"概念体量"进入创建界面，如图 5-12，图 5-13 所示。

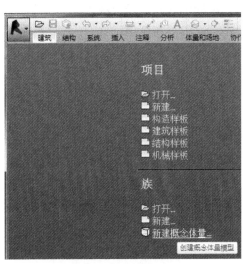

图 5-12　外建体量方法一　　　　　　　　　图 5-13　外建体量方法二

（2）内建体量文件

通过内部功能区域创建体量模型，其方法如下。

点击"体量和场地"—"概念体量"—"内建体量"按钮创建内建体量，输入内建体量名称。通过在编辑器面板点击"完成体量"和"取消体量"结束体量编辑，返回项目操作界面。如图5-14所示。

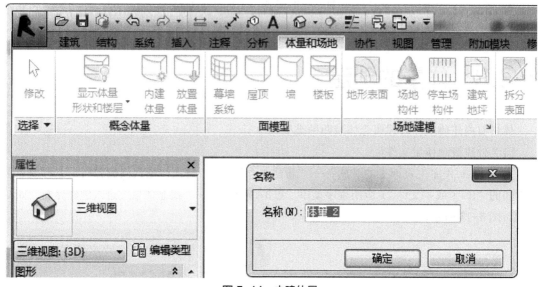

图5-14　内建体量

内建体量是从项目内部创建，建好体量模型后点击"完成体量"完成创建，直接应用于项目本身，随项目本身保存，无需载入，通过项目操作界面上"体量和场地"-"概念体量"-"放置体量"按钮，点选添加指定的体量文件，可将体量载入到项目中。外建概念体量文件，在体量编辑界面使用"载入到项目中"命令，可将已建好的体量模型载入到已打开的指定Revit项目中。

思考与练习

1.什么是体量模型？

2.体量模型的创建途径有哪些？

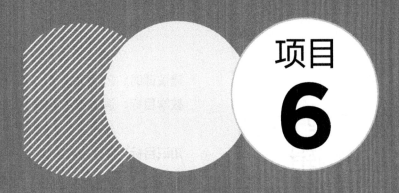

项目
6

Revit族的应用
与成果输出

任务6.1

族模型的创建与编辑

建议课时: 2学时。

教学目标: 通过本任务的学习,使学习者掌握族的创建方法,掌握族模型参数设置的方式。

知识目标: 了解族的概念,掌握族的创建方法,掌握锁定约束模型边线和设置参数的方法。

能力目标: 具备通过族样板文件创建族的能力,能够对族模型的实例参数进行修改,并能够进行族模型的参数化设置。

思政目标: 坚持理论对实践的指导,尊重科学,强调实践,尊重知识,培养创新的意识、严谨踏实的学习态度以及爱岗敬业的职业精神。

族是 Revit 中一个强大的概念。在 Revit 中,所有图元都是由各种族构成的,可以说,族是 Revit 建模的基础。掌握族的创建和编辑方法可以使建模人员对于模型的创建更高效,并可以更轻松地进行模型数据的管理和修改。

6.1.1　族模型的创建

6.1.1.1　选择族样板文件

在创建模型之前,需要先选择族样板文件。在"族"类别下选择"新建"命令,系统会打开"新建—选择样板文件"对话框,其中包括了不同的族样板类别,例如"公制常规模型""公制场地""公制窗"等,如图 6-1 所示,可以选择合适的族样板文件来创建需要的族模型。

选择合适的样板文件后,系统会进入族的创建窗口,如图 6-2 所示。此时,可以在其中根据样板创建需要的族模型。常用的创建命令包括"拉伸""融合""旋转""放样"等。

图6-1 族样板文件的选择

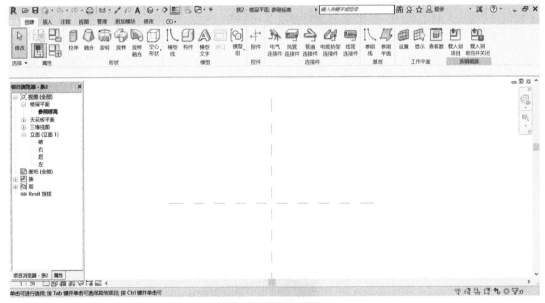

图6-2 族的创建窗口

6.1.1.2 拉伸的使用方法

通过"拉伸"命令可以创建任意轮廓，并定义拉伸的起点和终点，以此来创建模型。

选择"拉伸"命令，然后在平面视图中绘制任意轮廓，接着单击"完成编辑模式"按钮，完成拉伸模型的创建，如图6-3和图6-4所示。

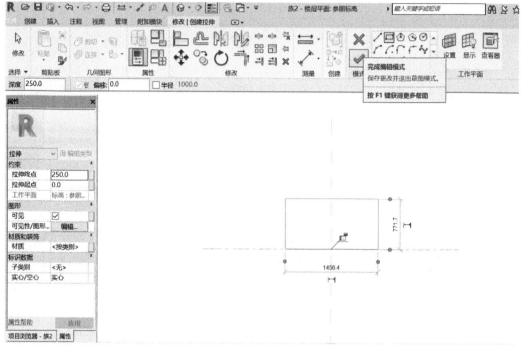

图6-3　创建拉伸

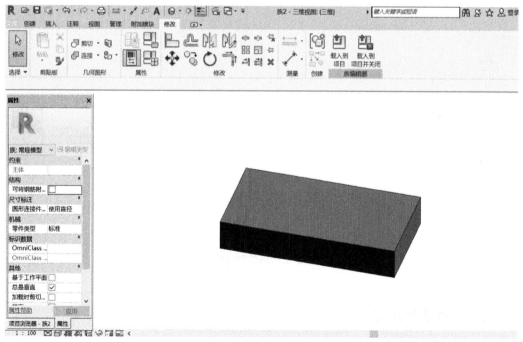

图6-4　拉伸完成

选中模型，模型的六个面均会出现拉伸控件，使用鼠标左键按住拉伸控件可对模型进行拉伸操作，如图6-5所示。

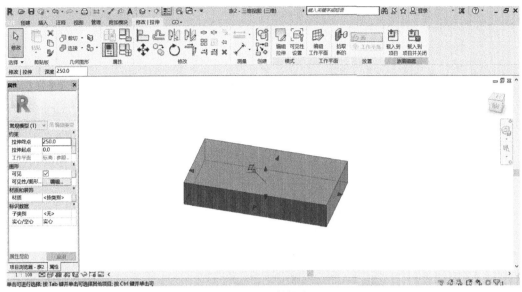

图 6-5　调整拉伸

6.1.1.3　融合的使用方法

使用"融合"命令可以创建任意两个轮廓，并将两个轮廓融合，形成模型。

选择"融合"命令，使用"绘制"面板中的任意工具，在平面视图中绘制一个图形，这里使用"矩形"工具绘制一个矩形，并选择"编辑顶部"命令，如图 6-6 所示。

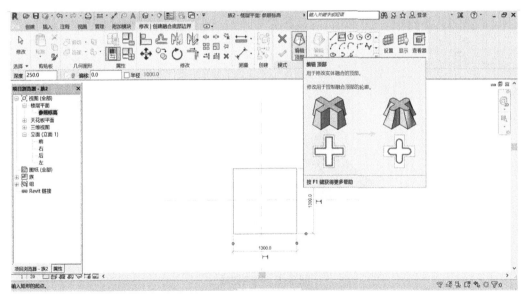

图 6-6　创建融合底部

注意：第一次绘制的图形作为底面，选择"编辑顶部"表示确认底面图形。

继续使用"绘制"面板中的工具绘制顶面，如图 6-7 所示。点击"完成编辑模式"，切换到三维视图查看，效果如图 6-8 所示。

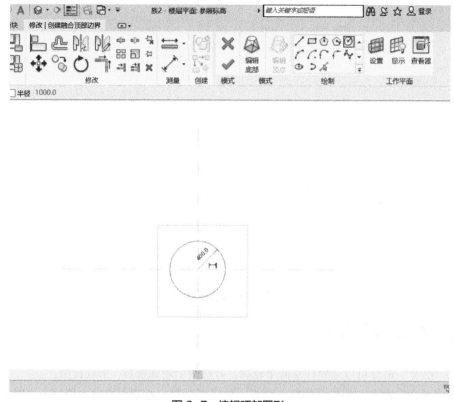

图 6-7　编辑顶部图形

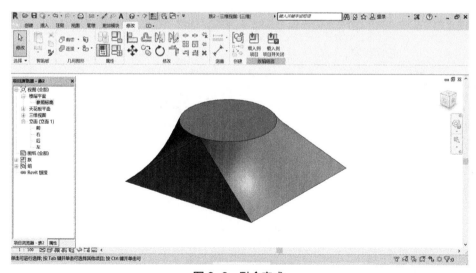

图 6-8　融合完成

6.1.1.4　旋转的使用方法

　　使用"旋转"命令，可以先创建任意轴线，然后在轴线平面创建任意轮廓，使轮廓绕轴线旋转一圈即可创建模型。

选择"旋转"命令，进入平面视图，然后选择"轴线"命令，接着选择"线"工具，创建一条轴线，如图6-9所示。选择"边界线"中的"圆"工具创建圆轮廓，如图6-10所示。单击"完成编辑模式"，进入三维视图查看创建效果，如图6-11所示。

图6-9 创建旋转轴线

图6-10 创建轮廓

图6-11 旋转完成

6.1.1.5　放样的使用方法

使用"放样"命令,可以创建任意一条路径,然后在路径垂直面上创建任意轮廓,轮廓会沿着路径创建模型。

选择"放样"命令,进入平面视图,然后选择"绘制路径"选项,如图6-12所示,接着会切换到"修改|放样"上下文选项卡,选择"绘制路径"中的"线"工具,创建一条路径,如图6-13所示,单击"完成编辑模式"按钮,如图6-14所示。

图6-12　绘制路径

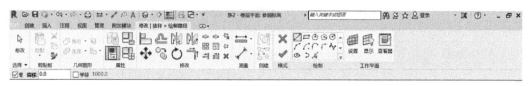

图6-13　创建放样

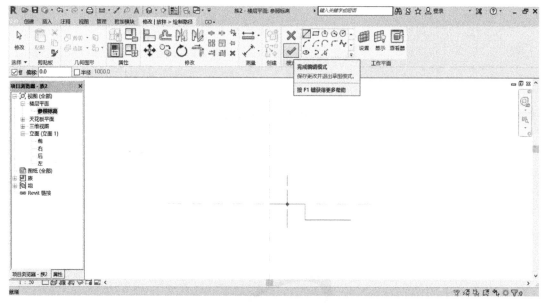

图6-14　完成编辑模式

选择"编辑轮廓"命令,接着会弹出"转到视图"对话框,选择一个立面,接着单击"打开视图"按钮,如图6-15所示。

选择"绘制"面板中工具绘制所需轮廓,绘制完后单击"完成编辑模式"按钮两次,如图6-16所示,进入三维视图查看创建效果,如图6-17所示。

图 6-15 选择立面

图 6-16 绘制轮廓

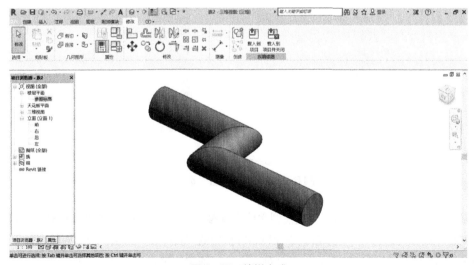

图 6-17 放样完成

族模型的创建

思考与
练习

?

1. 常用的族的创建方式有哪几种？
2. 尝试进行简单的族的创建，并对其进行参数化设置。

6.1.2　族模型参数化设置

在创建族模型过程中，"属性"选项板会显示模型的实例属性，可以在"属性"选项板中对族模型的参数进行设置，如图 6-18 所示。

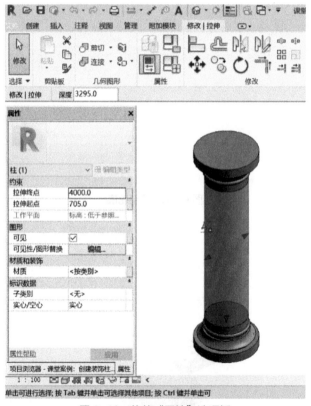

图 6-18　族的"属性"选项板

在族模型创建完成后，还可以对族模型文件进行参数化设置，使该族模型在被载入项目后，用户可以对模型的相关信息有一定了解。下面以百叶窗中的"百叶族"为例，介绍族的参数化设置。

在对模型进行参数化标注之前，需要对边线进行锁定约束，以方便后续的参数化设置。

　　进入"参照标高"视图，选择"注释"选项卡中的"对齐"命令，对左右两侧的参照平面进行标注，标注完成后单击"EQ"进行等分并单击小锁，对其进行锁定。如图6-19所示。

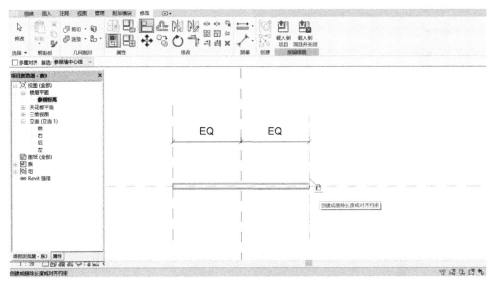

图6-19　创建对齐约束

　　选择"注释"选项卡中的"对齐"命令，对参照平面进行标注，如图6-20所示。

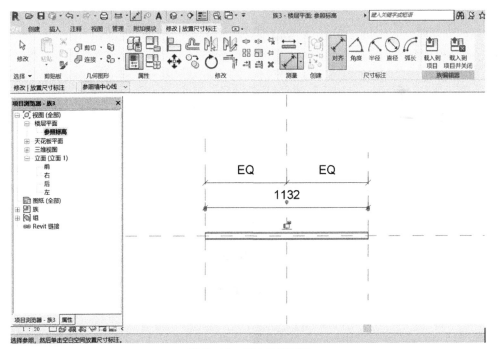

图6-20　标注参照平面

　　选择"标注"选项卡，然后单击"创建参数"工具，打开"参数属性"对话框，接着设置标注的"名称"，然后单击"确定"。如图6-21所示。

图 6-21　族参数属性的设置

完成参数化设置之后，可以通过"族类型"对话框查看相关参数，如图 6-22 所示。

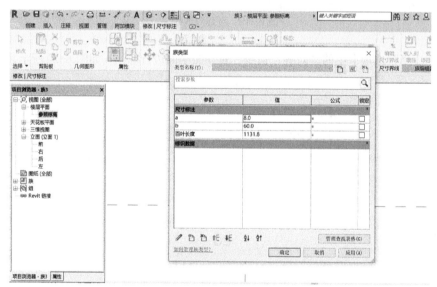

图 6-22　"族类型"对话框

族模型参数设置

 思考与
 练习

1. 什么是族的参数化？
2. 尝试对创建的族进行参数化设置。

任务6.2

视图生成

建议课时： 2学时。

教学目标： 通过本教学单元的教学，使学生掌握不同视图的创建方式。

知识目标： 掌握平面视图、剖面视图以及三维视图的创建方式。

能力目标： 具备在Revit中创建各种视图的能力。

思政目标： 坚持理论对实践的指导，尊重科学，强调实践，尊重知识，培养学生创新意识、严谨踏实的学习态度以及爱岗敬业的职业精神。

Revit 的视图包括平面视图、立面视图、剖面视图和三维视图等。修改某个视图中的建筑模型时，其他视图也会同步更新。

6.2.1　平面视图的生成方法

平面视图的生成方法有两种。

第一种：通过"标高"命令创建。当在立面视图中使用"建筑"选项卡中的"标高"命令创建标高时，Revit 会自动生成相应标高的平面视图，如图 6-23 所示。

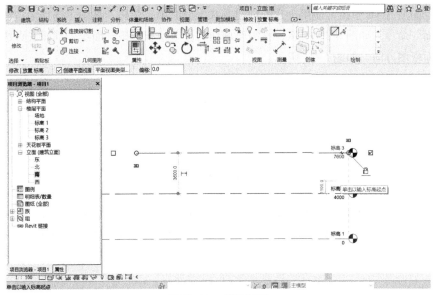

图 6-23　创建标高

第二种：当标高是通过"复制"或"阵列"等工具创建时，软件不会自动显示相应的平面视图。此时，可以在"视图"选项卡"创建"面板中执行"平面视图"—"楼层平面"命令，通过高亮相应的标高新建楼层平面，如图 6-24 所示。

图 6-24　新建楼层平面

6.2.2　剖面视图的生成方法

剖面视图在 Revit 中经常使用，它的创建方式十分简单。选择"视图"选项卡"创建"面板中的"剖面"命令，如图 6-25 所示，在需要剖切的位置绘制一条剖面线，剖面线短边指向的方向即为剖面视图方向，如图 6-26 所示。

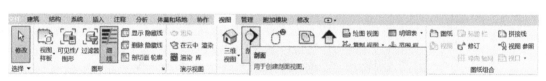

图 6-25　剖面命令

在"剖面"图示上单击鼠标右键，选择"转到视图"命令，窗口就可以切换到剖面视图。也可以通过双击"项目浏览器"中的"剖面"-"Section 0"进入剖面视图。如图 6-27 所示。

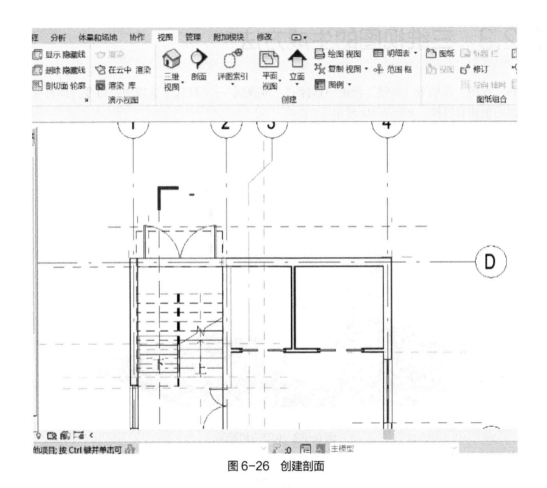

图6-26　创建剖面

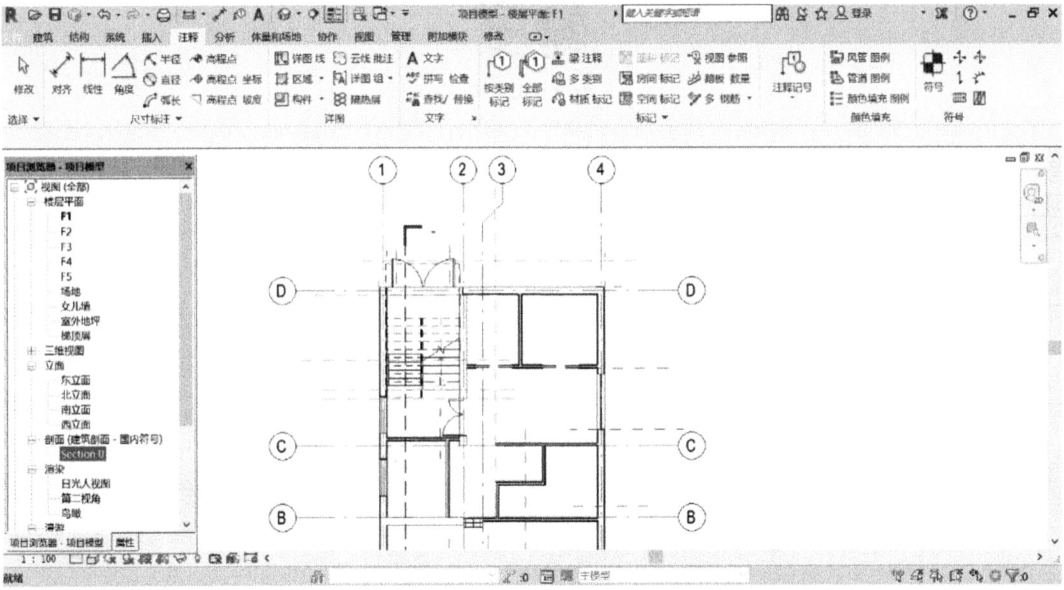

图6-27　剖面视图的浏览

6.2.3　三维视图的生成方法

在"视图"选项卡"创建"面板中选择"三维视图"-"默认三维视图"命令，即可完成三维视图的创建和转换，如图 6-28 所示。

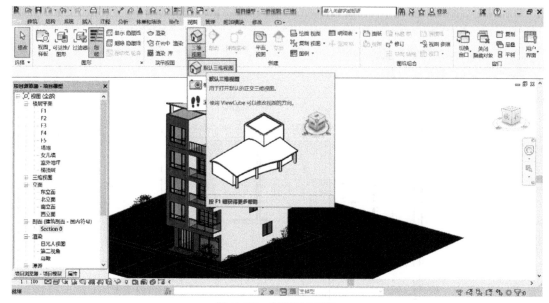

图 6-28　创建三维视图

Revit 视图生成

思考与练习

1. Revit 中有哪些不同的视图？

2. 平面视图的生成方式有哪几种？

3. 为本书提供的练习模型创建剖面视图。

任务6.3

Revit标记、标注与注释

建议课时： 2学时。

教学目标： 通过本任务的学习，使学习者掌握在Revit中创建注释及标记的方法。

知识目标： 掌握Revit中创建注释及标记的方法。

能力目标： 具备在Revit模型中添加注释及标记的能力。

思政目标： 坚持理论对实践的指导，尊重科学，强调实践，尊重知识，培养创新意识、严谨踏实的学习态度以及爱岗敬业的职业精神。

6.3.1　标记创建与编辑

完整的模型少不了必要的尺寸注释、文字说明、符号表达等内容，因此需要为视图添加相应的图面信息。Revit中的"注释"选项卡中包括"尺寸标注""详图""文字""标记""颜色填充""符号"等面板，可以完成添加图面信息的需求，如图6-29所示。

图6-29　"注释"选项卡

6.3.2　标注类型与标注样式的设定

Revit中的"尺寸标注"面板包括"对齐""线性""角度""半径""直径""高程点"等命令，如图6-30所示。这些命令可以用来标注不同的图元形状，它们的设定方法基本是一致的。下面以"对齐"标注为例进行说明。

图6-30　尺寸标注命令

单击"注释"选项卡中"尺寸标注"面板中的"对齐"命令，即可在视图中添加对齐标注，如图 6-31 所示。

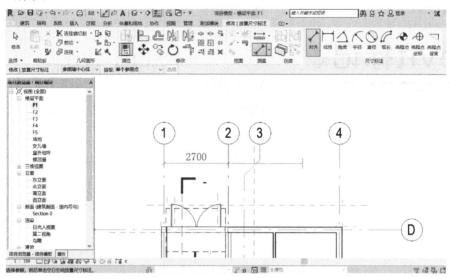

图 6-31　添加对齐标注

6.3.3　注释类型与注释样式的设定

单击"注释"选项卡中"文字"面板中的"文字"，默认的样式提供了多种文字类型，可以添加图面补充说明。若没有合适的类型，可以通过"复制"创建新的文字类型。文字类型的设置如图 6-32 所示，可以对其中的参数进行设置。

图 6-32　文字类型的设置

 思考与
练习

1. Revit 中的注释包括哪些内容？
2. 为教材提供的模型添加尺寸标注。

Revit 标记、标注
与注释

任务6.4

浏览、漫游与渲染

建议课时： 3学时。

教学目标： 通过本任务的学习，使学习者掌握Revit漫游、渲染的流程和方法及浏览Revit模型的方法，掌握Revit构件明细表的创建与编辑方法。

知识目标： 掌握创建漫游路径的方法、编辑漫游路径及漫游帧的方法及导出漫游成果，掌握渲染前的准备工作、渲染的设置及操作、渲染图像的保存及导出，掌握创建构件明细表的流程，掌握明细表的编辑与修改方法。

能力目标： 具备在Revit中创建漫游的能力，在Revit中创建渲染并导出渲染图像的能力，在Revit中为项目中的图元构件创建明细表并进行编辑和修改的能力。

思政目标： 坚持理论对实践的指导，尊重科学，强调实践，尊重知识，培养创新意识、严谨踏实的学习态度以及爱岗敬业的职业精神。

6.4.1　Revit 浏览与漫游

6.4.1.1　浏览

作为一款三维软件，Revit 中可以通过缩放、平移、旋转视图以及三维视图的切换进行模型的浏览。

缩放视图：可以在三维视图中直接滚动鼠标滚轮，或按住 Ctrl 键的同时按住鼠标滚轮（中键），然后上下拖拽光标的方式进行视图缩放。

平移视图：按住鼠标中键，拖拽鼠标光标。

旋转视图：按住 Shift 键，然后按住鼠标中键移动光标。

6.4.1.2　漫游

漫游即建筑动画，其原理很简单，可以理解为在 Revit 中通过定义浏览建筑模型的路径，从而创建一系列图像并生成动画。下面以软件自带项目为例介绍具体创建方法。

（1）创建相机

第一步：打开建筑样例，进入 F1 视图，然后在"视图"选项卡"创建"面板中选择"三维视图"-"相机"命令，然后在选项栏设置参数，接着在视图左下方放置相机，并移动相机调整拍摄方向，如图 6-33 所示（彩图见本书彩插）。

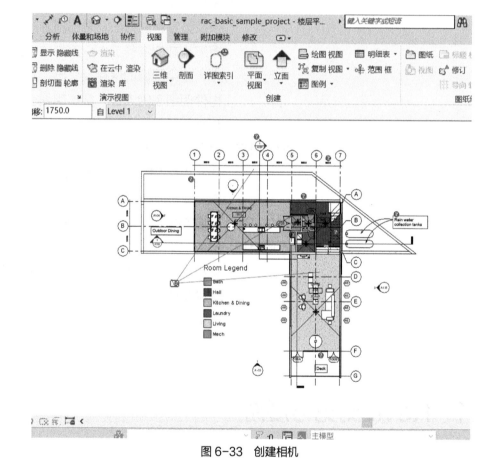

图 6-33　创建相机

第二步：将视口转换到相机的视口，然后在视图控制栏中执行"视觉样式"-"真实"命令，如图 6-34 所示（彩图见本书彩插）。

（2）创建漫游

漫游是由多个相机沿着路径生成的效果，每一个节点即为一个相机。

第一步：进入 F1 视图，选择"视图"选项卡"创建"面板中"三维视图"下的"漫游"命令，如图 6-35 所示；然后在选项栏中设置相关漫游参数；最后使用鼠标单击视图，创建路径。如图 6-36 所示。

图 6-34　切换视觉样式

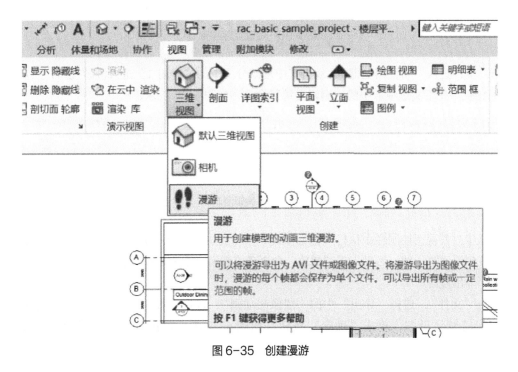

图 6-35　创建漫游

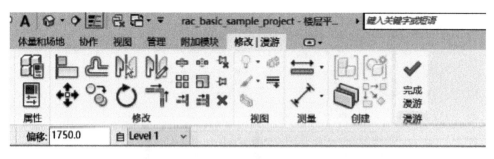

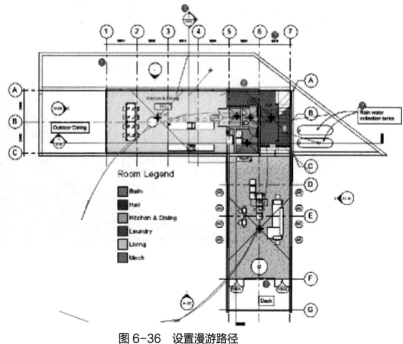

图 6-36　设置漫游路径

第二步：进入"项目浏览器"，双击其中漫游分支下的"漫游 1"进入漫游视口，然后选择"修改 I 相机"上下文选项卡中的"编辑漫游"命令，如图 6-37 所示。

图 6-37　编辑漫游

第三步：在视图控制栏中执行"视觉样式"—"真实"命令，接着不断选择"上一关键帧"命令，直到返回第一帧，然后点击"播放"命令预览漫游，如图 6-38 所示（彩图见本书彩插）。

（3）导出漫游

单击"文件"，选择"导出"中的"图像和动画"，选择"漫游"，打开"长度 I 格式"对话框，保持默认设置，单击"确定"按钮，如图 6-39 所示，接着设置好保存路径和名称即可。

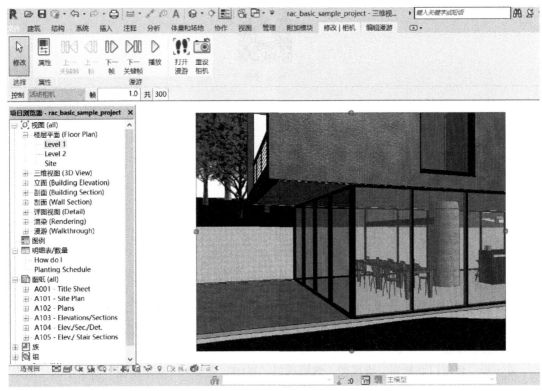

图 6-38 播放漫游

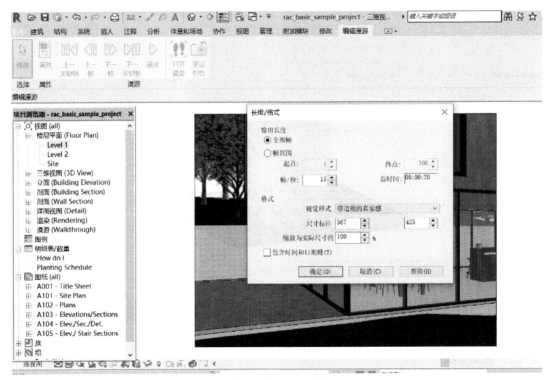

图 6-39 导出漫游

Revit 漫游

□ 思考与
　　练习
　　?
为本书中的小住宅模型创建漫游。

6.4.2　Revit 渲染

在 Revit 中，为了增加模型的观感效果可以对局部模型进行渲染。相较于 3DS Max 以及 VRay 等三维效果表现软件来说，Revit 的渲染设置要简单许多，只需要在三维视图中调整好视口，再设置简单的参数即可呈现出渲染效果图。下面以软件自带的项目为例，进行操作步骤的介绍。

（1）设置步骤

第一步：将视口调整到三维视图，然后选择"视图"选项卡"演示视图"面板中的"渲染"命令，如图 6-40 所示。

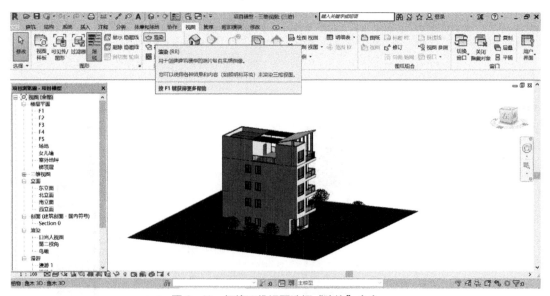

图 6-40　切换三维视图选择"渲染"命令

第二步：打开"渲染"对话框，然后设置相关参数，并单击"渲染"按钮，如图 6-41 所示。渲染完成以后，可以将图像保存至项目中或导出到项目外部，如图 6-42 所示。

（2）渲染参数

Revit 中的渲染参数包括质量、输出设置、照明、背景、调整曝光以及显示模型，如图 6-43 所示。

图6-41　创建渲染

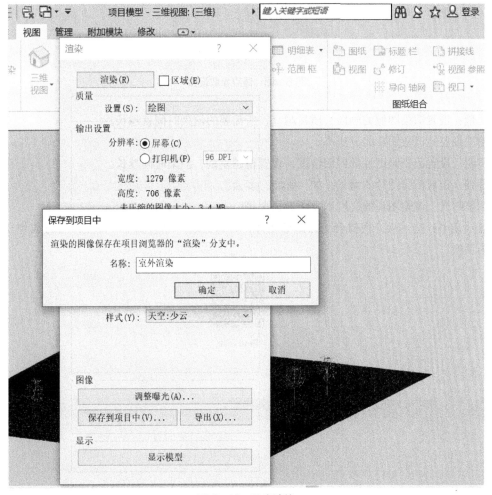

图6-42　导出渲染

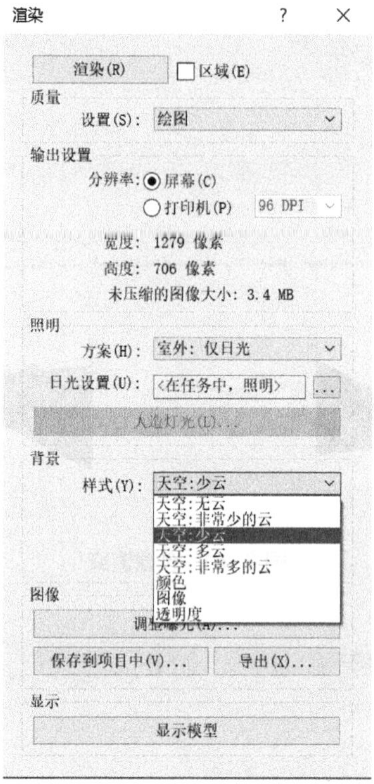

图 6-43　渲染参数设置

质量：设置渲染图像的画质，质量越高，所需要的渲染时间就越长。

输出设置：设置图片的分辨率。

照明：设置渲染时图片的照明情况，设置得越复杂，渲染时间越长。

背景：设置渲染图片的背景，如"天空：多云"。

调整曝光：调整图片的亮度以及阴影情况等。

显示模型：选然后，视口会变为渲染图片，可以通过"显示模型"按钮来进行模型与图片之间的切换。

Revit 渲染

思考与
练习

为本书中的小住宅项目创建渲染效果图。

任务6.5
Revit成果输出

建议课时： 1学时。

教学目标： 通过本任务的学习，使学习者掌握图框及图纸的创建方法。

知识目标： 了解建筑图纸设计，掌握Revit图纸编辑流程。

能力目标： 具备使用Revit中图纸设计功能的能力，能够为项目创建图纸。

思政目标： 坚持理论对实践的指导，尊重科学，强调实践，尊重知识，培养创新意识、严谨踏实的学习态度以及爱岗敬业的职业精神。

6.5.1　明细表的创建

明细表可以通过表格的形式对项目中已有图元的类型和数量等信息进行统计。明细表中所显示的数据都是从图元的属性中提取的类型以及实例属性。

项目的任何阶段都可以创建明细。对于项目的修改，会影响明细表统计的量，也就是说明细表会根据实际的量进行调整，自动更新并做出修改，这也正体现了BIM所具有的准确性、实时性和同步性。利用明细表可以更精确地对项目进行把控，有利于项目的精细化、规范化和信息化。

Revit中的明细表主要用于统计按照限定条件或图元类别显示的项目组成构件的数据。在"视图"选项卡的"创建"面板中，展开"明细表"的下拉菜单，会显示"明细表|数量""图形柱明细表""材质提取""图纸列表""注释块"和"视图列表"六个具体的选项，使用这些选项可以创建不同类型的统计表格。

这里以"窗"的明细表为例介绍明细表的创建方法。

第一步：在"视图"选项卡"创建"面板中找到"明细表"下的"明细表|数量"命令，单击选择"明细表|数量"，如图6-44所示，打开"新建明细表"对话框，选择需要创建明细表的对象（窗），然后单击"确定"按钮，如图6-45所示。

第二步：打开"明细表属性"对话框，在左侧"可用的字段"中选择需要添加的参数，单击"添加参数"按钮将这些参数添加到右侧的"明细表字段"中。接下来可以使用"上移参数"和"下移参数"按钮调整参数的排序，调整好之后，单击"确定"按钮，如图6-46所示，创建好的"窗明细表"参见图6-47。

图 6-44　创建明细表

图 6-45　"新建明细表"对话框

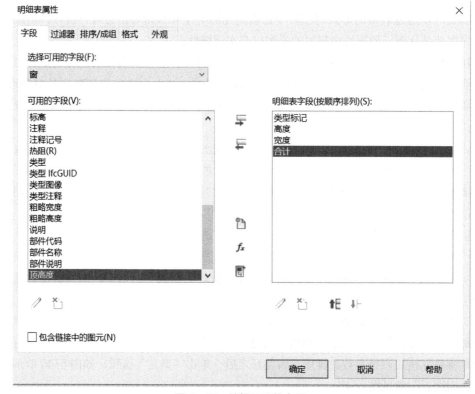

图 6-46　编辑可用的字段

图6-47　窗明细表

提示："明细表属性"对话框中的"过滤器"选择卡中的功能类似Excel的筛选功能，可以将需要查看的参数显示出来，如图6-48所示。

图6-48　明细表属性对话框

Revit 明细表创建

思考与
练习

1. 明细表的作用是什么？
2. 为本书中的小住宅项目创建门、窗明细表。

6.5.2　图框的创建与图纸的布局

图纸的创建是模型创建完成后非常关键的一步。在 Revit 的操作当中，图纸的创建虽然简单但却十分重要。创建图纸就是将模型的各个视图和明细表合理地放置于图框中。下面介绍具体的操作步骤。

第一步：在"视图"选项卡"图形"面板中找到"图纸"命令，打开"新建图纸"对话框，接着可以选择合适的图纸模板，如图 6-49 所示。

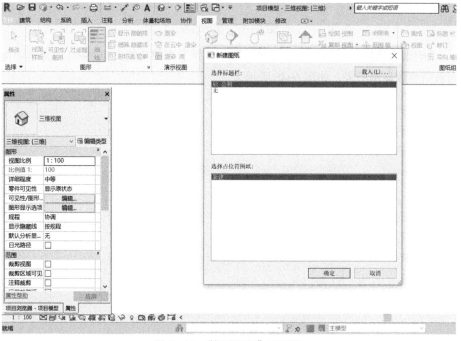

图 6-49　"新建图纸"对话框

提示：若无合适模板，可以通过单击"载入"按钮打开"载入族"对话框，载入合适的图纸模板，如图 6-50 所示。

第二步：选择所需的图纸模板（示例选择"A2 公制:A2"），然后单击"确定"按钮，完成 A2 图纸的创建。然后在"项目管理器"中使用鼠标左键按住需要创建的视图（示例选择"F1"楼层平面），将其拖拽到图框中，如图 6-51 所示。

图 6-50　载入图纸模板

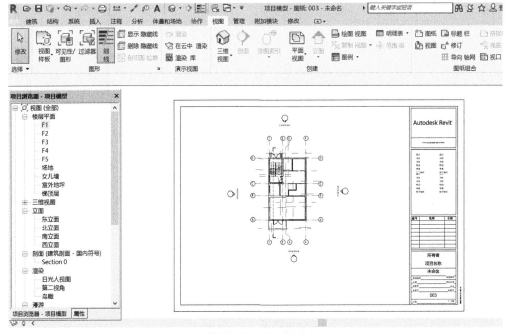

图 6-51　创建图纸

第三步：为更好地进行图纸布局，可以将不需要的内容取消显示。此处以立面标识为例。在"属性"选项板中找到"可见性/图形替换"并单击其后面的"编辑"按钮，打开"楼层平面：

F1 的可见性 / 图形替换"对话框，在"注释类别"中取消"立面"的勾选，并单击"确定"按钮，如图 6-52 所示，创建完成的图纸如图 6-53 所示。

图 6-52　设置图纸布局

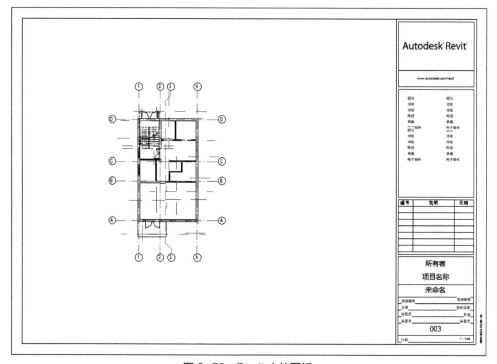

图 6-53　Revit 中的图纸

提示：在图纸中激活某个视口后，可以对模型进行编辑，当图纸中的某个图元被修改后，项目中的图元也会同样地被修改。

Revit 图纸创建

思考与
练习

为本书中的小住宅项目创建楼梯间剖面视图，并为此视图创建图纸。

6.5.3　模型文件管理与数据转换

　　BIM 是一个系统软件，需要多个软件协同作业。在 BIM 的数据体系中，各种软件需要有机结合，并进行数据信息的交互，以保证 BIM 工作的完成。Revit 作为 BIM 的核心软件之一，能够完成复杂的模型创建任务，可以实现概念模型的建立、数据的整合、出图设计、文件资料的整理。Revit 可以导出选定的视图、图纸或整个建筑模型，并将信息转换为不同格式，如图 6-54 所示。

图 6-54　Revit 模型导出

　　Revit 不仅具有创建建筑、结构、设备的功能，还具有协同以及远程系统功能，可以带材质输入到 3DS Max 软件中进行渲染，结合 Navisworks 进行虚拟漫游和碰撞检查，并进行绿色建筑分析等。

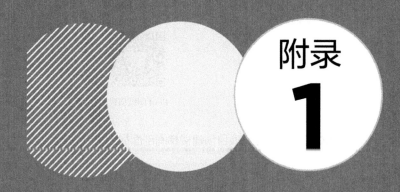

附录 **1**

"1+X"建筑
信息模型(BIM)
初级考试题

理论试题如下。

一、单项选择题（20×0.5=10分），采用"四选一"形式(A、B、C、D)，错选、不选，一律不得分。

1. 以下关于从业人员与职业道德关系的说法中，你认为正确的是（　　）。

A. 每个从业人员都应该以德为先，做有职业道德之人

B. 只有每个人都遵守职业道德，职业道德才会起作用

C. 遵守职业道德与否，应该视具体情况而定

D. 知识和技能是第一位的，职业道德则是第二位的

2. BIM 实现从传统（　　）的转换，使建筑信息更加全面、直观地表现出来。

A. 建筑向模型　　　　　　　　　　　B. 二维向三维

C. 预制加工向概念设计　　　　　　　D. 规划设计向概念升级

3. 目前国际通用的 BIM 数据标准为（　　）。

A. RVT　　　　　　　　　　　　　　B. IFC

C. STL　　　　　　　　　　　　　　D. NWC

4. 住建部颁发的《建筑工程设计信息模型分类及编码标准》中，对于模型"工作成果"的定义是（　　）。

A. 在建筑工程施工阶段或建筑建成后的改建、维修、拆除活动中得到的建设成果

B. 工程项目建设过程中根据一定的标准划分的段落

C. 建筑工程建设和使用全过程中所用到永久结合到建筑实体中的产品

D. 工程相关方在工程建设中表现出的工作与活动

5. BIM 技术在方案策划阶段的应用内容不包括（　　）。

A. 总体规划　　　　　　　　　　　　B. 模型创建

C. 成本核算　　　　　　　　　　　　D. 碰撞检测

6. BIM 软件中的 5D 概念不包含（　　）。

A. 几何信息　　　　　　　　　　　　B. 质量信息

C. 成本信息　　　　　　　　　　　　D. 进度信息

7. 下列关于 BIM 的描述正确的是（　　）。

A. 建筑信息模型　　　　　　　　　　B. 建筑数据模型

C. 建筑信息模型化　　　　　　　　　D. 建筑参数模型

8. 下列选项不属于 BIM 在施工阶段价值的是（　　）。

A. 施工工序模拟和分析　　　　　　　B. 辅助施工深化设计或生成施工深化图纸

C. 能耗分析　　　　　　　　　　　　D. 施工场地科学布置和管理

9. 下列软件无法完成建模工作的是（　　）。

A. Tekla　　　　　　　　　　　　　B. MagiCAD

C. ProjectWise　　　　　　　　　　D. Revit

10. 在场地分析中，通过 BIM 结合（　　）进行场地分析模拟，得出较好的分析数据，能够为设计单位后期设计提供最理想的场地规划、交通流线组织关系、建筑布局等关键决策。

A. 物联网　　　　　　　　　　　　　B. GIS

C. 互联网　　　　　　　　　　　　　D. AR

11. 如图所示的模型在项目的视图显示中，采用以下（   ）显示样式可以达到图示效果。

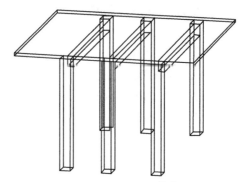

A. 线框   B. 着色
C. 隐藏线   D. 一致的颜色

12. 下图所示模型用（   ）命令可一次性进行创建。

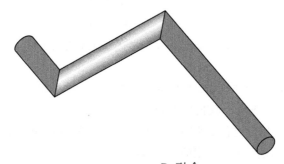

A. 拉伸   B. 融合
C. 放样   D. 旋转

13. 将临时尺寸标注更改为永久尺寸标注的命令是（   ）。

A. 单击临时尺寸标注符号

B. 双击临时尺寸标注符号

C. 锁定临时尺寸标注

D. 不能更改

14. 在以下 Revit 用户界面中可以关闭的界面是（   ）。

A. 绘图区域   B. 项目浏览器

C. 功能区   D. 视图控制栏

15. 以下关于栏杆扶手创建说法正确的是（   ）。

A. 可以直接在建筑平面图中创建栏杆扶手

B. 可以在楼梯主体上创建栏杆手

C. 可以在坡道上创建栏杆扶手

D. 以上均可

16. 多专业协同、模型检测，是一个多专业协同检查的过程，也可以称为（   ）。

A. 模型整合   B. 碰撞检查

C. 深化设计   D. 成本分析

17. 下列不属于结构专业常用明细表的是（　　）。

A. 构件尺寸明细表 　　　　　　　　B. 门窗表

C. 结构层高表 　　　　　　　　　　D. 材料明细表

18. 下列选项不属于BIM技术在结构分析中应用的是（　　）。

A. 基于BIM技术对建筑能耗进行计算、评估，开展能耗性能优化

B. 通过IFC或Structure Model Center数据计算模型

C. 开展抗震、抗风、抗火等性能设计

D. 结构计算结果储存在BIM模型信息管理平台中，便于后续应用

19. 以下机电管线在机房工程的管道综合排布中，最优先排布的是（　　）。

A. 通风管道 　　　　　　　　　　　B. 电气桥架

C. 空调水管道 　　　　　　　　　　D. 喷淋管道

20. 下列关于电气专业模型表述错误的是（　　）。

A. 图纸要求配电箱放置高度为1.5m。表示为距楼层建筑地面1.5m，而不是楼层标高1.5m

B. 开关应水平放置在距门100~200mm

C. 桥架上方需预留至少100mm

D. 强弱电桥架水平距离一般为0

二、多项选择题（10×1=10分），采用"五选多"形式(A、B、C、D、E),正确选项2~4个，多选、少选、错选、不选，一律不得分。

1. 下列符合BIM工程师职业道德规范的有（　　）。

A. 寻求可持续发展的技术解决方案

B. 树立客户至上的工作态度

C. 重视方法创新和技术进步

D. 以项目利润为基本出发点考虑问题，利用自身的专业优势，诱导关联方做出对自己有利的决定

E. 进度高于一切，工期紧张时降低模型成果质量，先提交一版成果

2. 下列BIM软件属于建模软件的是（　　）。

A. Revit 　　　　　　　　　　　　B. Civi13D

C. Navisworks 　　　　　　　　　　D. Lumion

E. Catia

3. BIM模型在不同平台之间转换时，下列有助于解决模型信息丢失问题的做法是（　　）。

A. 尽量避免平台之间的转换

B. 对常用的平台进行开发，增强其接收数据的能力

C. 尽量使用全球统一标准的文件格式

D. 禁止使用不同平台

E. 禁止使用不同软件

4. BIM技术的特性包括（　　）。

A. 可视化 　　　　　　　　　　　　B. 可协调性

C. 可模拟性 　　　　　　　　　　　D. 可出图性

E. 可复制性

5. 下列选项中，关于碰撞检查软件的说法正确的是（　　）。

A. 碰撞检查软件与设计软件的互动分为通过软件之间的通讯和通过碰撞结果文件进行的通讯

B. 通过软件之间的通讯可在同一台计算机上的碰撞检查软件与设计软件进行直接通讯，在设计软件中定位发生碰撞的构件

C. MagiCAD 碰撞检查模块属于 MagiCAD 的一个功能模块，将碰撞检查与调整优化集成在同一个软件中，处理机电系统内部碰撞效率很高

D. 将碰撞检测的结果导出为结果文件，在设计软件中加载该结果文件，可以定位发生碰撞的构件

E. Navisworks 支持市面上常见的 BIM 建模工具，只能检测"硬碰撞"

6. 下图所示模型可以采用（　　）命令一次性创建。

A. 拉伸　　　　　　　　　　　　　　　B. 融合

C. 放样　　　　　　　　　　　　　　　D. 旋转

E. 放样融合

7. 在项目中可以创建轴网的视图有（　　）。

A. 楼层平面　　　　　　　　　　　　　B. 结构平面

C. 三维视图　　　　　　　　　　　　　D. 东立面

E. 天花板平面

8. 以下关于管线综合排布规则的说法，正确的是（　　）。

A. 小管避让大管

B. 大管避让小管

C. 无压管道避让有压管道

D. 有压管道避让无压管道

E. 单根管道避让成排多根管道

9. 基于 BIM 的建筑性能化分析包含（　　）。

A. 室外风环境模拟　　　　　　　　　　B. 自然采光模拟

C. 室内自然通风模拟　　　　　　　　　D. 小区热环境模拟分析

E. 建筑结构计算分析

10. 下面关于 BIM 结构设计基本流程说法正确的是（　　）。

A. 不能使用 BIM 软件直接创建 BIM 结构设计模型

B. 可以从已有的 BIM 建筑设计模型提取结构设计模型

C. 可以利用相关技术对 BIM 结构模型进行同步修改，使 BIM 结构模型和结构计算模型保持一致

D. 可以提取结构构件工程量

E. 可以绘制局部三维节点图

【参考答案】一、1. A　　2. B　　3. B　　4. A　　5. D　　6. B　　7. A

8. C　　9. C　　10. B　　11. A　　12. C　　13. A　　14. B

15. B　　16. B　　17. B　　18. A　　19. C　　20. D

二、1. ABC　2. ABE　3. ABC　4. ABCD　5. ABCD　6. BDE　7. ABDE

8. ADE　9. ABCD　10. BCDE

实操试题如下。

一、下图为某凉亭模型的立面图和平面图，请按照图示尺寸建立凉亭实体模型（立体形状如图所示），以"凉亭＋考生姓名"保存在考生文件夹中(20分)。

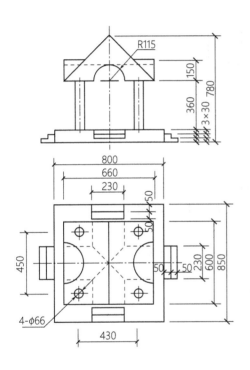

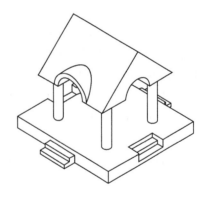

二、按要求建立幕墙模型，尺寸、外观与图示一致，幕墙竖梃采用50×50矩形，材质为不锈钢，幕墙嵌板材质为玻璃，厚度20mm，按照要求添加幕墙门与幕墙窗，造型类似即可。将建好的模型以"幕墙＋考生姓名"为文件名保存到考生文件夹中。并将幕墙正视图按图中样式标注后导出CAD图纸，以"幕墙立面图＋考生姓名".dwg文件为名，保存到考生文件夹中（20分）。

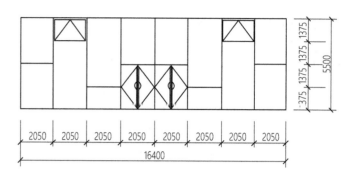

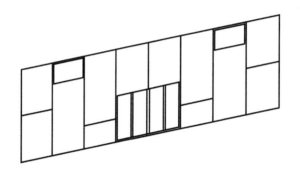

三、综合建模（以下两道考题，考生二选一作答）（40 分）

考题一：根据以下要求和给出的图纸，创建模型并将结果输出。在考生文件夹下新建名为"第三题输出结果"的文件夹，将结果文件保存在该文件夹中。（40 分）

1. BIM 建模环境设置（1 分）

设置项目信息：①项目发布日期：2019 年 9 月 20 日；②项目编号：2019001-1

2. BIM 参数化建模（29 分）

（1）根据给出的图纸创建标高、轴网、墙、门、窗、柱、屋顶、楼板、楼梯、洞口、台阶、扶手、卫生洁具等。其中，要求门窗尺寸、位置、标记名称正确。未标明尺寸与样式不作要求。（24 分）

（2）主要建筑构件参数要求如下：（5 分）

外墙 240	10 厚仿砖涂料	结构柱	Z1:400 × 500
	220 厚加气混凝土		Z2:400 × 400
	10 厚白色涂料	楼板	10 厚瓷砖
内墙 200	10 厚白色涂料		140 厚混凝土
	180 厚混凝土砌块	屋顶	150 厚，坡度 1%
	150 厚白色涂料		

3. 创建图纸（8 分）

（1）创建门窗表，要求包含类型标记、宽度、高度、底高度、合计，并计算总量（2 分）

门	M1	1800×2400	窗	C1	1600×1800
	M2	1500×2400		C2	2800×2000
	M3	750×2000		C3	800×1200

（2）建立 A3 尺寸图纸，创建"1-1 剖面图"，样式要求（尺寸标注；视图比例：1∶100；图纸命名：1-1 剖面图；轴头显示样式：在底部显示）（6分）

4. 模型文件管理（2分）

（1）用"别墅＋考生姓名"为项目文件命名，并保存项目。（1分）

（2）将创建的"1-1 剖面图"图纸导出为 AutoCAD.DWG 文件，命名为"1-1 剖面图"。（1分）

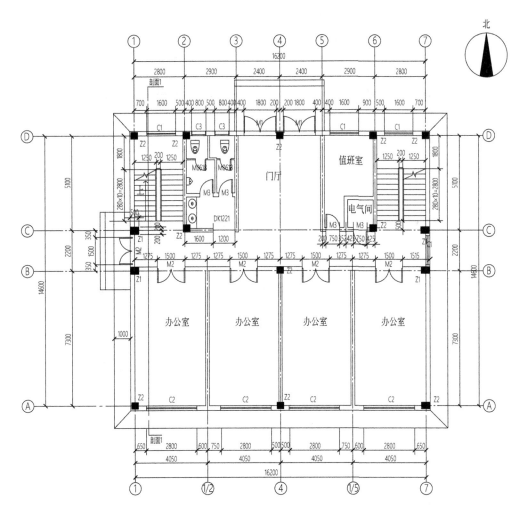

首层平面图 1:100

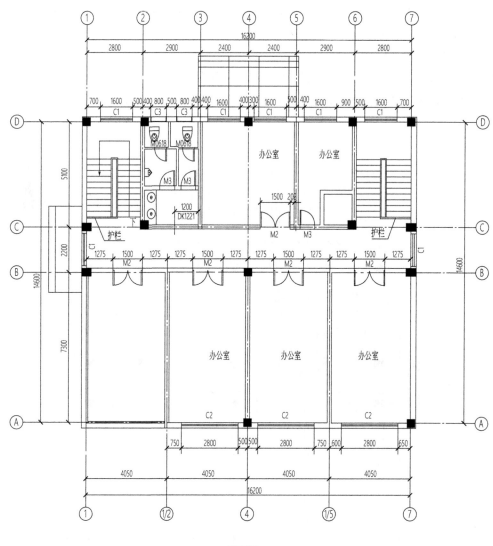

二层平面图 1:100

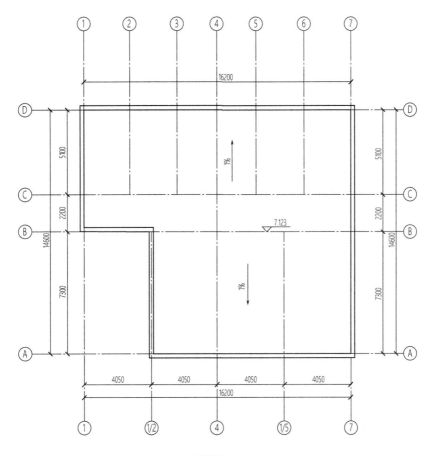

屋面平面图 1:100

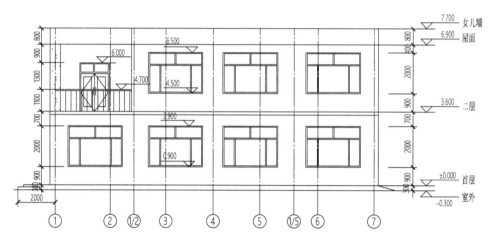

南立面图 1:100

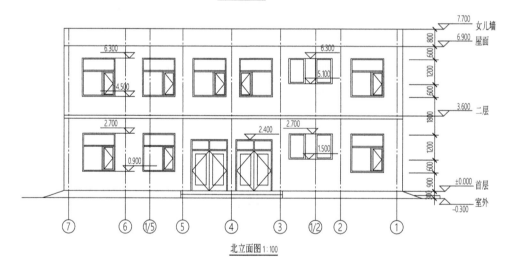

北立面图 1:100

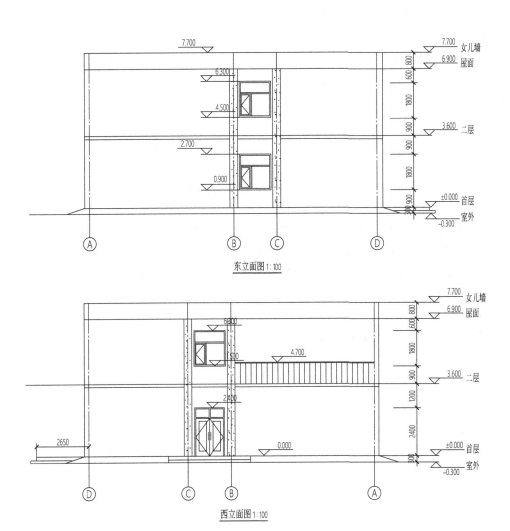

东立面图 1:100

西立面图 1:100

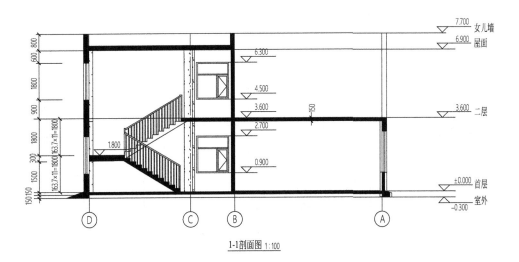

1-1剖面图 1:100

考题二：参照下图创建建筑及机电模型。结果以"机电模型＋考生姓名"为文件名保存在考生文件夹。（40分）

1. 根据图纸创建建筑模型，建筑位于一层，层高4m，建筑模型包括轴网、柱子、墙体、门、窗等相关构件。其中外墙厚度200mm，内墙厚度200mm，柱子尺寸400×300mm，窗距地面900mm，要求尺寸和位置准确。（8分）

2. 根据图纸创建照明模型，视图名称为"首层照明平面图"，要求布置照明灯具，开关，配电箱，灯具高度为2.4m，开关高度1.5m，配电箱高度1.5m。按照图纸对照明灯具、开关及配电箱进行导线连接。（6分）

3. 根据图纸创建排风模型，视图名称为"首层排风平面图"，风管中心对齐，风管中心标高3.3m。风口类型可自行确定。（8分）

4. 根据图纸创建空调水管模型，并建立相应的VRV多联机模型，视图名称为"首层空调水管平面图"，多联机水管主管高度2.7m。（6分）

5. 根据图纸布置风管阀件及其风机设备，且保证风管、水管和设备之间无碰撞。（2分）

6. 根据图纸内容标注建筑轴网尺寸、门窗定位尺寸，墙厚等尺寸，以及风管尺寸、风口间距，冷媒管尺寸。（6分）。

7. 创建名称为"首层照明平面图"和"首层排风平面图"2张图纸，要求A3图框，且标注图名。（4分）

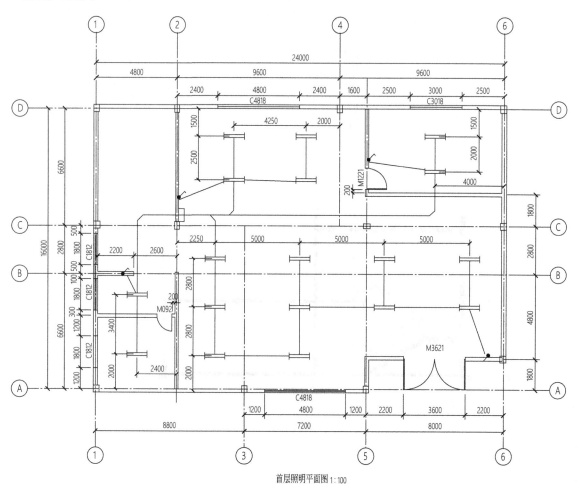

首层照明平面图 1:100

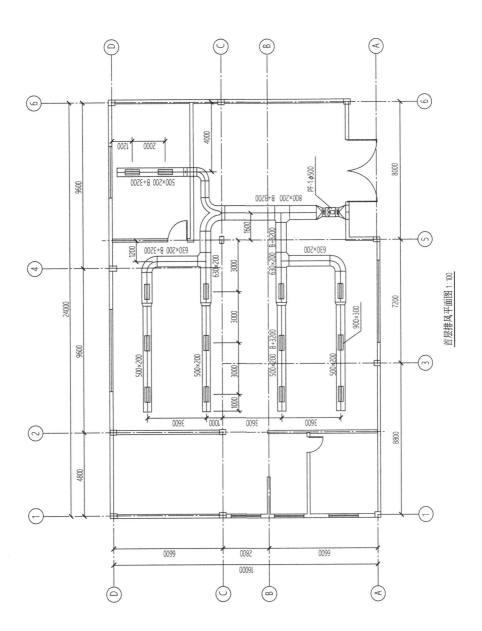

首层排风平面图 1:100

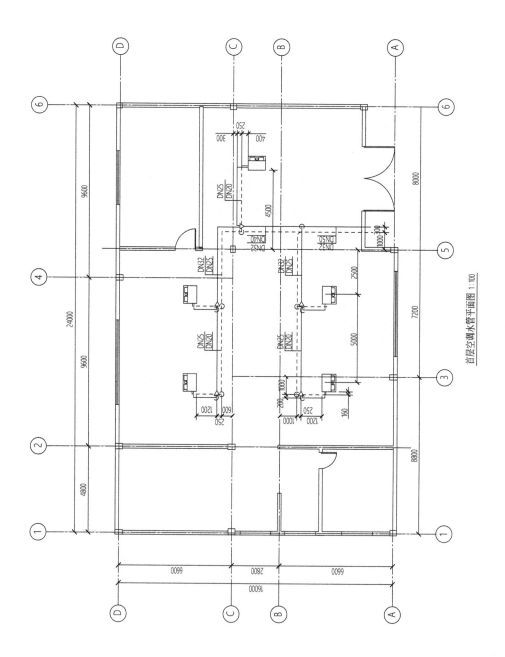

首层空调水管平面图 1:100

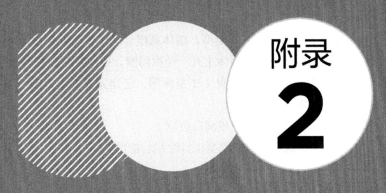

附录 2

2019年第一期
"1+X"建筑信息
模型（BIM）初级
实操试题

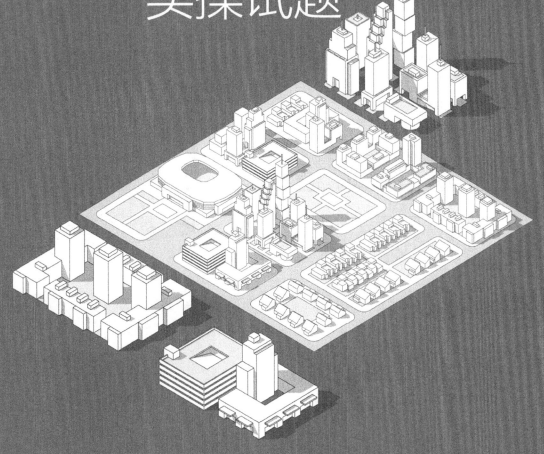

一、绘制下图墙体，墙体类型、墙体高度、墙体厚度及墙体长度自定义，材质为灰色普通砖，并参照下图标注尺寸在墙体上开一个拱门洞。以内建常规模型的方式沿洞口生成装饰门框，门框轮廓材质为樱桃木，样式见1-1剖面图。创建完成后以"拱门墙 + 考生姓名"为文件名保存至考生文件夹中（20分）。

要求：（1）绘制墙体，完成洞口创建；

（2）正确使用内建模型工具绘制装饰门框。

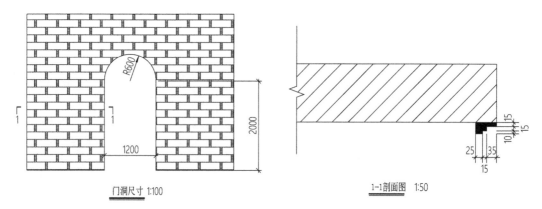

门洞尺寸 1:100   1-1剖面图 1:50

二、创建下图模型，（1）面墙为厚度 200mm 的"常规 -200mm 厚面墙"，定位线为"核心层中心线"；（2）幕墙系统为网格布局 600×1000mm（即横向网格间距为 600mm，竖向网格间距为 1000mm），网格上均设置竖梃，竖梃均为圆形竖梃半径 50mm；（3）屋顶为厚度为 400mm 的"常规 -400mm"屋顶；（4）楼板为厚度为 150mm 的"常规 -150mm"楼板，标高 1 至标高 6 上均设置楼板。请将该模型以"体量楼层 + 考生姓名"为文件名保存至考生文件夹中（20分）。

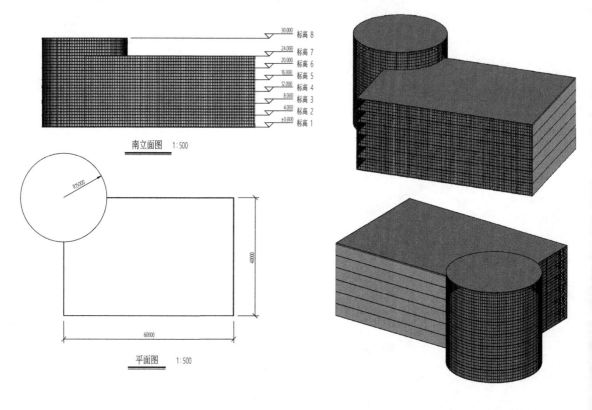

南立面图 1:500

平面图   1:500

三、综合建模（以下两道题考生二选一作答）（40分）

考题一：根据以下题目要求及图纸给定的参数，建立如下图所示的"样板楼"模型，平面图详见图纸。（40分）

1.BIM建模环境设置（1分）

设置项目信息：①项目发布日期：2019年11月23日；②项目编号：2019001-1。

2.BIM参数化建模（30分）

（1）布置墙体、楼板、屋面

① 建立墙体模型

A）"外墙-240-红砖"，结构厚200mm，材质"砖，普通，红色"，外侧装饰面层材质瓷砖，机制，厚度20mm；内侧装饰面层材质"涂料，米色"，厚度20mm；

B）"内墙200-加气块"结构厚200mm，材质"混凝土砌块"。

②建立各层楼板和屋面模型

A）"楼板-150-混凝土"，结构厚150mm，材质"混凝土，现场浇注-C30"，顶部均与各层标高平齐；

B）"屋面-200混凝土"，结构厚200mm，材质"混凝土，现场浇注-C30"，各坡面坡度均为30度，边界与外墙外边缘平齐。

（2）布置门窗

① 按平、立面图要求，精确布置外墙门窗，内墙门窗位置合理布置即可，不需要精确布置。

② 门窗要求

A）M1527：双扇推拉门-带亮窗，规格宽1500mm，高2700mm；

B）M1521：双扇推拉门，规格宽1500mm，高2100mm；

C）M0921：单扇平开门，规格宽900mm，高2100mm；

D）JLM3024：水平卷帘门，规格宽3000mm，高2400mm；

E）C2425：组合窗双层三列-上部双窗，宽2400mm，高2500mm，窗台高度500mm；

F）C2626：单扇平开窗，宽2600mm，高2600mm，窗台高度600mm；

G）C1515：固定窗，宽1500mm，高1500mm，窗台高度800mm；

H）C4533：凸窗-双层两列，窗台外挑140mm，宽4500mm，高3300mm，框架宽度50mm，框架厚度80mm，上部窗扇宽度600mm，窗台外挑宽度840mm，首层窗台高度600mm，二层窗台高度30mm。

（3）布置楼梯、栏杆扶手、坡道

① 按平、立面要求布置楼梯，采用系统自带构件，名称为"整体现浇楼梯"，并设置最大踢面高度210mm，最小踏板深度280mm，梯段宽度1305mm；

② 楼梯栏杆：栏杆扶手900mm；

③ 露台栏杆：玻璃嵌板-底部填充，高度900mm；

④ 坡道：按图示尺寸建立。

3.建立门窗明细表：均应包含"类型、类型标记、宽度、高度、标高、底高度、合计"字段，按类型和标高进行排序（2分）

4.添加尺寸、创建门窗标记、高程注释（2分）

（1）尺寸标记：尺寸标记类型为：对角线 3mm RomanD ，并修改文字大小为 4mm；

（2）门窗标记：修改窗标记：编辑标记，编辑文字大小为 3mm，完成后载入到项目中覆盖；

（3）标高标记：对窗台、露台、屋顶进行标高标记。

5. 创建图纸创建一层平面布置图及南立面布置图两张图纸（2 分）

（1）图框类型：A2 公制图框；

（2）类型名称：A2 视图；

（3）标题要求：视图上的标题必须和考题图纸一致，图纸名称和考题图纸一致。

6. 模型渲染（2 分）

对房屋的三维模型进行渲染，设置背景为"天空：少云"，照明方案为"室外：日光和人造光"，质量设置为"中"，其他未标明选项不做要求，结果以"样板房渲染＋考生姓名.JPG"为文件名保存至本题文件夹中。

7. 请以"样板房＋考生姓名"命名保存至考生文件夹中（1 分）

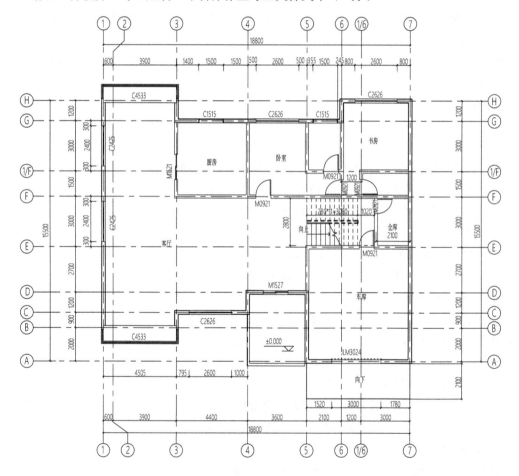

一层平面图 1：100

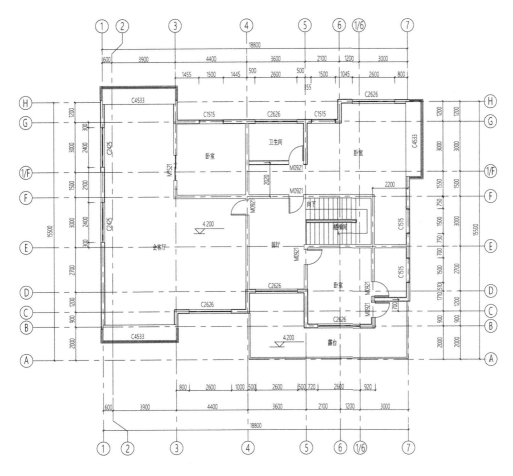

二层平面图 1:100

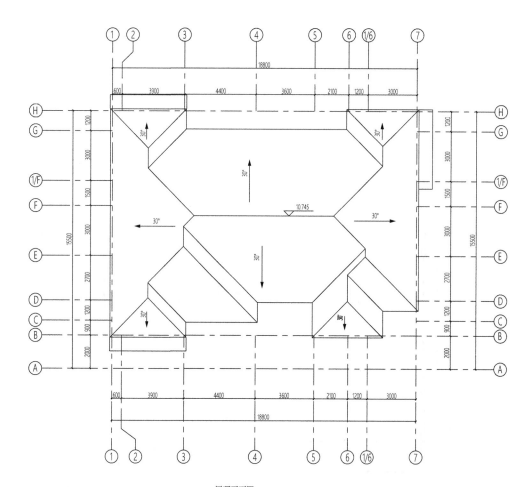

屋顶平面图 1:100

南立面图 1:100

北立面图 1:100

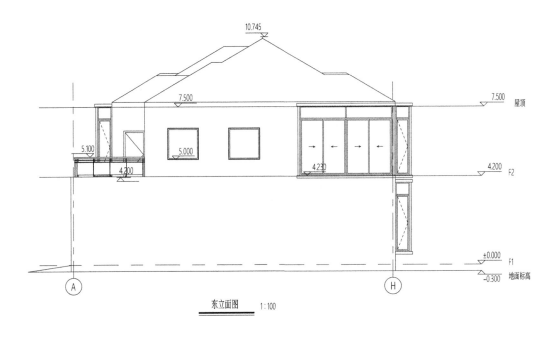

东立面图 1:100

西立面图   1:100

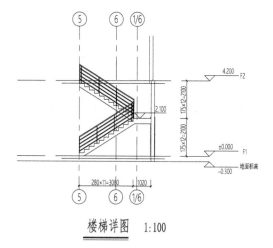

楼梯详图   1:100

考题二：参照下图创建建筑及机电模型。模型以"机电模型＋考生姓名"为文件名保存在考生文件夹。（40分）

要求：（未明确要求处考生可自行确定）

1. 根据图纸创建建筑模型，建筑每层高4m，位于首层，建筑模型包括轴网、墙体、门、窗等相关构件。其中未注明的墙厚均为240mm，窗距地面900mm，要求尺寸和位置准确。（7分）

2. 根据图纸创建照明模型，要求布置照明灯具、开关和配电箱，灯具高度为3.0m，开关高度1.5m，配电箱高度1.5m。按照图纸对照明灯具、开关及配电箱进行导线连接，并创建配电盘明细表。（8分）

3. 创建视图名称为"首层通风平面图"，并建立相应的风系统模型，风管中心对齐，风管中心标高3.4m，风口类型可自行确定。（6分）

4. 创建视图名称为"首层卫生间详图"，要求布置坐便器、小便斗、洗手盆、拖布池、地漏和隔板，洁具型号自定义，位置摆放合理，将洁具和管道进行连接，管道尺寸及高程按图中要求。（14分）

5. 根据"首层照明平面图"和"首层通风平面图"图纸内容标注尺寸，创建名称为"首层照明平面图"图纸和"首层通风平面图"2张图纸，要求A2图框，且标注图名。（5分）

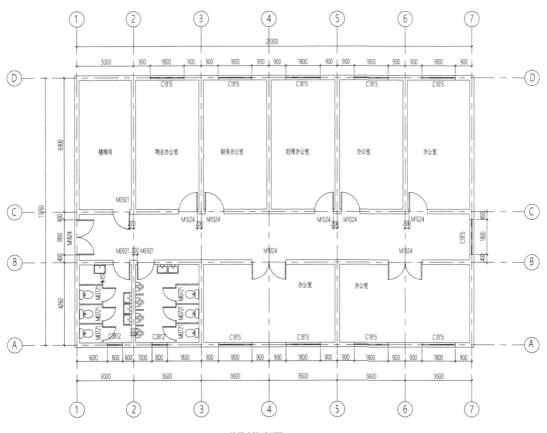

首层建筑平面图　1:100

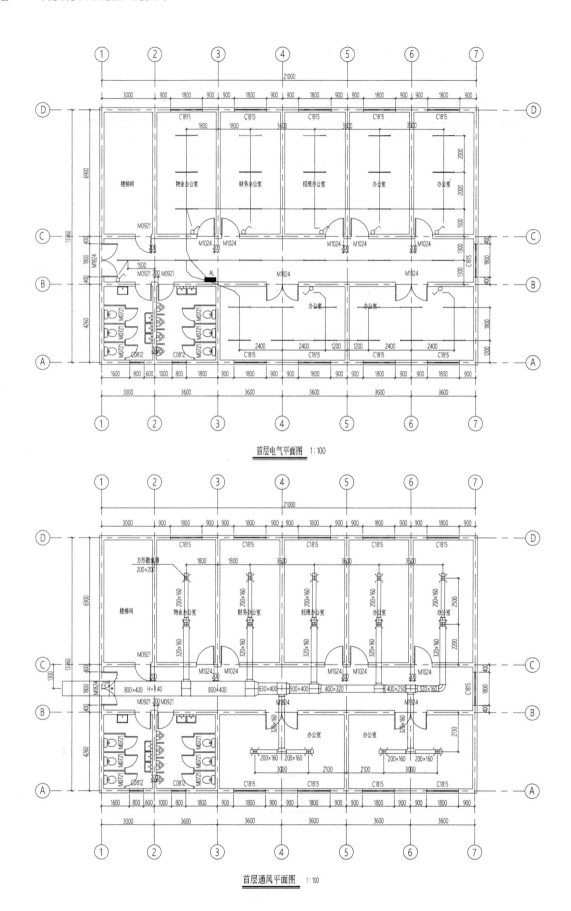

首层电气平面图　1:100

首层通风平面图　1:100

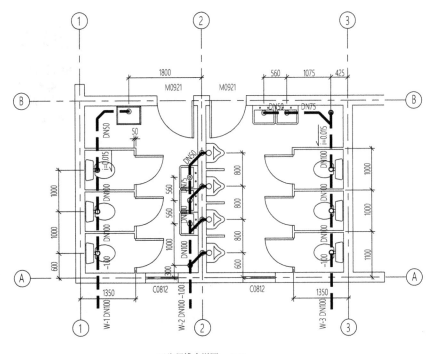

卫生间排水详图 1:50

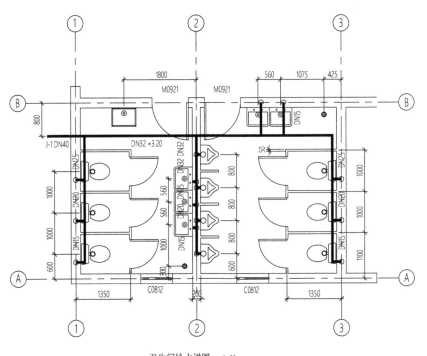

卫生间给水详图 1:50

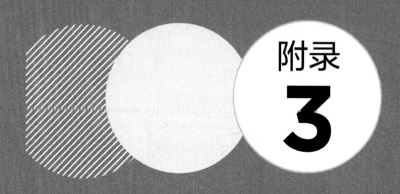

附录

3

样板文件及项目建筑建模过程文件

　　本附录提供了书目项目 4 和项目 5 中基于实际项目在建筑建模过程中的样板文件和阶段性
项目文件，链接：http://pan.baidu.com/s/1xPcW-ENsOAisJeH-yDuSoQ，提取码：1218

参 考 文 献

［1］赵彬，王君峰.建筑信息模型（BIM）概论［M］.北京：高等教育出版社，2020.

［2］徐照，李启明.BIM技术理论与实践［M］.北京：机械工业出版社，2020.

［3］吴琳，王光炎.BIM建模及应用基础［M］.北京：北京理工大学出版社，2017.

［4］叶雯，路浩东.建筑信息模型（BIM）概论［M］.重庆：重庆大学出版社，2017.

［5］杨青云.BIM建模标准架构研究［D］.南昌：南昌大学，2019.

［6］李奥蕾，秦旋.国内外BIM标准发展研究［J］.工程建设标准化，2017(06):48-54.

［7］张喆，武可娟.建筑制图与识图［M］.北京：北京邮电大学出版社，2019.

［8］李慧宇，董海龙.建筑构造与识图［M］.上海：同济大学出版社，2020.

［9］林标锋，卓海旋，陈凌杰.BIM应用：Revit建筑案例教程［M］.北京：北京大学出版社，2019.

［10］何相君，刘欣玥.Revit2018基础培训教程［M］.北京：人民邮电出版社，2019.7

［11］白金波，陈玉中，张增宝.建筑工程制图与识图［M］.天津：天津科学技术出版社，2013.

［12］葛贝德，王蕊，肖航.BIM建模与应用教程［M］.北京：科学技术文献出版社，2018.

［13］曹磊，谭建领，李遥.建筑工程BIM技术应用［M］.北京：中国电力出版社，2017.

［14］刘鑫，王鑫.Revit建筑建模项目教程［M］.北京：机械工业出版社，2017.

［15］王婷，应宇垦，陆烨.全国BIM技能培训教程［M］.北京：中国电力出版社，2015.

［16］杨亚彬，冯鑫伟.建筑制图与识图［M］.镇江：江苏大学出版社，2014.

［17］BIM工程技术人员专业技能培训用书编委会.BIM建模应用技术［M］.北京：中国建筑工业出版社，2016.

［18］邱小林，周亦人，刘觅.画法几何及土木工程制图［M］.武汉：华中科技大学出版社，2015.

［19］王君峰，廖小烽.Revit Achitecture2010建筑设计星火课堂［M］.北京：人民邮电出版社，2012.

［20］张学辉，陈建伟.Revit建筑设计基础操作培训教程［M］.北京：中国建筑工业出版社，2018.

［21］肖进.Revit建筑建模［M］.北京：中国建筑工业出版社，2019.

图 1-2　施工模拟图

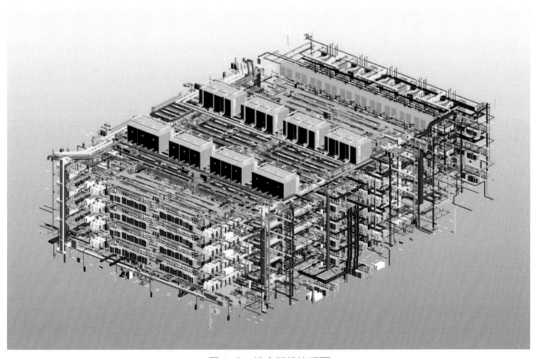

图 1-3　综合管线协调图

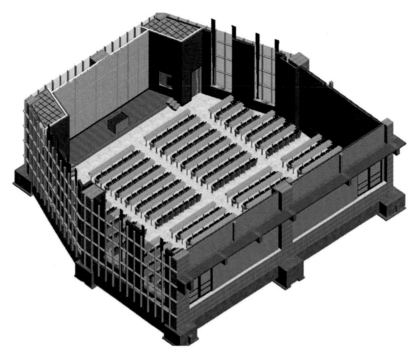

图 1-4　室内外装修优化图

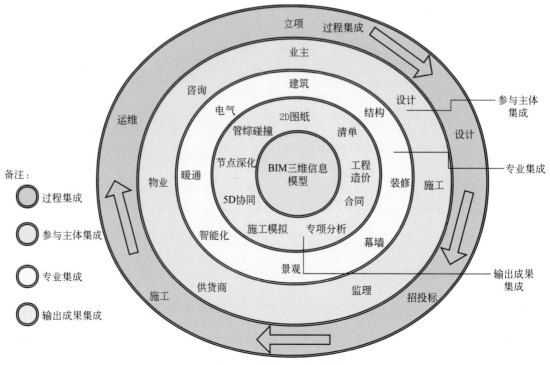

图 1-8　BIM 信息集成内涵

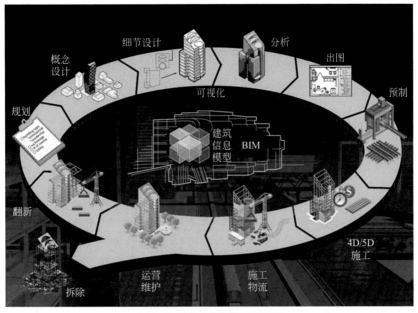

图1-9　BIM 全生命周期管理

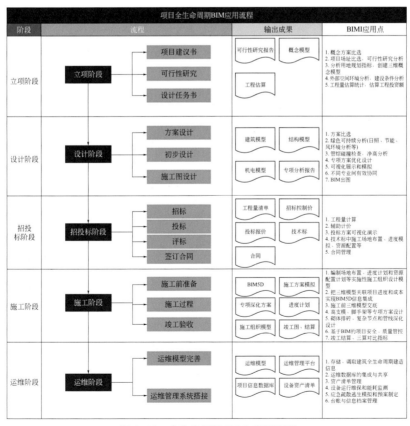

项目全生命周期BIM应用流程			
阶段	流程	输出成果	BIMI应用点
立项阶段	立项阶段 → 项目建议书 / 可行性研究 / 设计任务书	可行性研究报告　概念模型 工程估算	1. 概念方案比选 2. 项目场地比选、可行性研究分析 3. 分析用地规划指标，创建三维概念模型 4. 外部空间环境分析、建设条件分析 5. 工程量估算统计、估算工程投资额
设计阶段	设计阶段 → 方案设计 / 初步设计 / 施工图设计	建筑模型　结构模型 机电模型　专项分析报告	1. 方案比选 2. 绿色可持续性分析(日照、节能、风环境分析等) 3. 管综碰撞检查、净高分析 4. 专项方案优化设计 5. 可视化展示和模拟 6. 不同专业间有效协同 7. BIM出图
招投标阶段	招投标阶段 → 招标 / 投标 / 评标 / 签订合同	工程量清单　招标控制价 投标报价　技术标 合同	1. 工程量计算 2. 辅助计价 3. 投标方案可视化演示 4. 技术标中施工场地布置、进度模拟、资源配置 5. 合同管理
施工阶段	施工阶段 → 施工前准备 / 施工过程 / 竣工验收	BIM5D　施工方案模拟 专项深化方案　进度计划 施工组织模型　竣工图、结算	1. 编制场地布置、进度计划和资源配置计划等实施施工组织设计模型 2. 把三维模型关联经进度和成本实现BIM5D信息集成 3. 施工前三维模型交底 4. 高支模、脚手架等专项方案设计 5. 砌体排砖、复杂节点和管线深化设计 6. 基于BIM的项目安全、质量管控 7. 竣工结算、三算对比指标
运维阶段	运维阶段 → 运维模型完善 / 运维管理系统搭接	运维模型　运维管理平台 项目信息数据库　设备资产清单	1. 存储、调取建筑全生命周期建造信息 2. 运维数据库的集成与共享 3. 资产清单管理 4. 设备运行维保和能耗监测 5. 应急疏散生成模拟和预案制定 6. 台账与信息档案管理

图1-11　全生命周期 BIM 应用流程

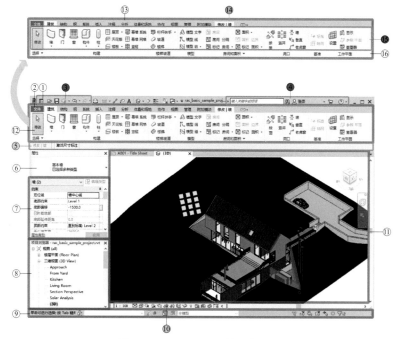

图 3-1　Revit 2020 的工作界面

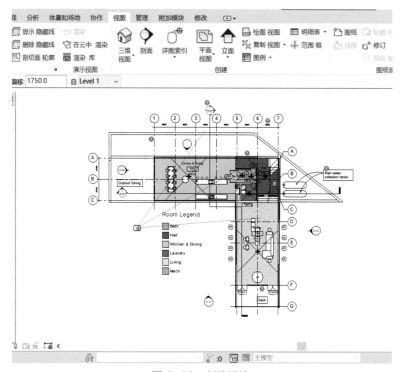

图 6-33　创建相机

图 6-34 切换视觉样式

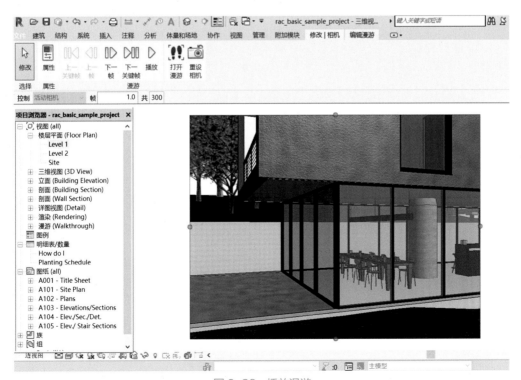

图 6-38 播放漫游